3年生

Python 3年生
パイソン

体験してわかる！
会話でまなべる！

ディープラーニングのしくみ

森 巧尚 著

JN088047

SE
SHOEISHA

本書内容に関するお問い合わせについて

このたびは翔泳社の書籍をお買い上げいただき、誠にありがとうございます。

弊社では、読者の皆様からのお問い合わせに適切に対応させていただくため、以下のガイドラインへのご協力をお願いいたしております。

下記項目をお読みいただき、手順に従ってお問い合わせください。

ご質問される前に

弊社 Web サイトの「正誤表」をご参照ください。これまでに判明した正誤や追加情報を掲載しています。

正誤表　　　　https://www.shoeisha.co.jp/book/errata/

ご質問方法

弊社 Web サイトの「刊行物 Q&A」をご利用ください。

刊行物 Q&A　　https://www.shoeisha.co.jp/book/qa/

インターネットをご利用でない場合は、FAX または郵便にて、下記翔泳社 愛読者サービスセンターまでお問い合わせください。電話でのご質問は、お受けしておりません。

回答について

回答は、ご質問いただいた手段によってご返事申し上げます。ご質問の内容によっては、回答に数日ないしはそれ以上の期間を要する場合があります。

ご質問に際してのご注意

本書の対象を越えるもの、記述個所を特定されないもの、また読者固有の環境に起因するご質問等にはお答えできませんので、あらかじめご了承ください。

郵便物送付先および FAX 番号

送付先住所　〒 160-0006　東京都新宿区舟町 5

FAX 番号　03-5362-3818

宛先　㈱翔泳社 愛読者サービスセンター

はじめに

近年では、AI、特にディープラーニングが私たちの生活やビジネスに深く関わるようになり、最近ではChatGPTのようなAIが大きな話題になっています。

この本は、そんなディープラーニングの世界をより手軽に、そして楽しく理解するための一冊です。本書では、Pythonを使って実際にディープラーニングを自分の手で作っていきます。その解説には、微分や行列といった難解な数式を一切使わず、イラストやアニメーションを使って、抽象的になりがちなディープラーニングの基本的な概念を視覚的に理解していきます。

まず1章で、ディープラーニングの基本的な考え方をわかりやすく解説します。2章では、古典的な人工ニューロンの学習のしくみを体験し、さらに3章では、教育用コンテンツを使ってニューラルネットワークがどのように学習していくのか、その様子をアニメーションで視覚的に体験していきます。

そして4章からは、ニューラルネットワークの具体的な応用を体験していきます。XOR回路やじゃんけんのシミュレーションを手始めに、数字やファッションの画像認識へと進みます。5章では、人間の目をヒントに開発された畳み込みニューラルネットワーク（CNN）を利用して、さまざまなカラー画像の学習の体験も行います。

実はこの本は1年ほど前から書いています。当初はこれから有名になりそうなディープラーニングの一例としてChatGPTを紹介していたのですが、書いている最中にどんどんChatGPTが進化して有名になり、何度も原稿を書き直す必要があるほどでした。それほど、ディープラーニングは日々進化しています。

この一冊を通じて、ディープラーニングの世界へ一歩踏み出し、そのしくみと魅力を感じていただければ幸いです。それでは、一緒にディープラーニングの体験を始めていきましょう。

2023年7月吉日

森 巧尚

もくじ

第1章 ディープラーニングってなに？

第2章 パーセプトロンを作ってみよう

第3章 TensorFlow Playgroundで学習の動きを見よう

第4章 ニューラルネットワークでいろいろ作ろう

第5章　CNNで画像を認識しよう

第6章 もっといろいろ分類してみよう

 本書のサンプルのテスト環境

本書のサンプルは以下の環境で、問題なく動作することを確認しています。

OS：macOS
OSバージョン：11.1（Big Sur）
CPU：Intel Core i5
Pythonバージョン：3.10.11
Google Colaboratory:（2023年6月時点）

OS：Windows
OSバージョン：10 Pro / 11
CPU：Intel Core i7
Pythonバージョン：3.10.11
Google Colaboratory:（2023年6月時点）

本書の対象読者と3年生シリーズについて

本書の対象読者

　本書はディープラーニングの初心者や、これからディープラーニングをまなびたい方に向けた入門書です。会話形式で、ディープラーニングのしくみを理解できます。初めての方でも安心してディープラーニングの世界に飛び込むことができます。

- **Pythonの基本文法を知っている方**（『**Python1年生**』『**Python2年生**』を読み終えた方）
- **ディープラーニングの初心者**

3年生シリーズについて

　3年生シリーズは、『Python1年生』『Python2年生』を読み終えた方を対象とした入門書です。ある程度、技術的なことを盛り込み、本書で扱う技術について身につけてもらいます。簡潔にまとめると以下の3つの特徴があります。

ポイント❶ **基礎知識がわかる**

　章の冒頭には漫画やイラストを入れて各章でまなぶことに触れています。冒頭以降は、イラストを織り交ぜつつ、基礎知識について説明しています。

ポイント❷ **プログラムのしくみがわかる**

　必要最低限の文法をピックアップして解説しています。途中で学習がつまずかないよう、会話を主体にして、わかりやすく解説しています。

ポイント❸ **開発体験ができる**

　初めてディープラーニングをまなぶ方に向けて、楽しく学習できるよう工夫したサンプルを用意しています。

ヤギ博士

フタバちゃん

本書の読み方

　本書は、初めての方でも安心してディープラーニングの世界に飛び込んで、つまずくことなく学習できるよう、さまざまな工夫をしています。

ヤギ博士とフタバちゃんの
ほのぼの漫画で章の概要を説明
各章でなにをまなぶのかを漫画で説明します。

この章で具体的にまなぶことが、
一目でわかる
該当する章でまなぶことを、イラストでわかりやすく紹介します。

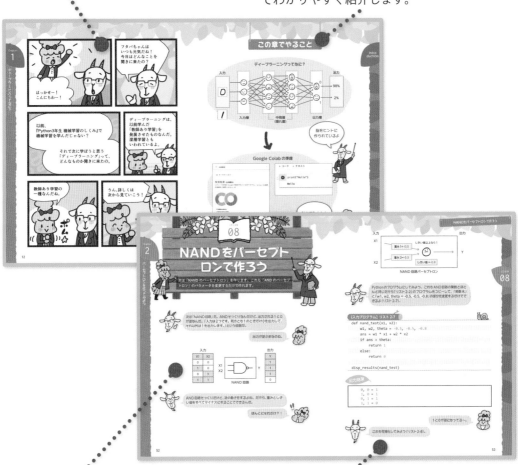

イラストで説明
難しい言いまわしや説明をせずに、イラストを多く利用して、丁寧に解説します。

会話形式で解説
ヤギ博士とフタバちゃんの会話を主体にして、概要やサンプルについて楽しく解説します。

サンプルファイルと特典データのダウンロードについて

付属データのご案内

付属データ（本書記載のサンプルコード）は、以下のサイトからダウンロードできます。

- **付属データのダウンロードサイト**

  🔵URL **https://www.shoeisha.co.jp/book/download/9784798174983**

注意

付属データに関する権利は著者および株式会社翔泳社が所有しています。許可なく配布したり、Webサイトに転載したりすることはできません。付属データの提供は予告なく終了することがあります。あらかじめご了承ください。

ダウンロードデータの使い方

1. ブラウザで、🔵URL https://www.google.co.jp/ を開き、右上のGoogleアプリ（9つの点）をクリックして「ドライブ」を選択して、Googleドライブを開きます。
2. ダウンロードした「DLtest」フォルダを、Googleドライブにドラッグ＆ドロップしてアップロードします。
3. 「DLtest」フォルダ内の「DLtestxx.ipynb」ファイル（xxは章番号、または章番号-節番号）をダブルクリックするとColab Notebookが開きます。

注意

「DLtest_py」フォルダのpyファイルは、Colab Notebookのプログラムを書き出したもので、このままでは使えません。必要な部分をコピーして、Colab Notebookにペーストしてお使いください。

会員特典データのご案内

会員特典データは、以下のサイトからダウンロードして入手いただけます。

- **会員特典データのダウンロードサイト**

  🔵URL **https://www.shoeisha.co.jp/book/present/9784798174983**

免責事項

付属データおよび会員特典データの記載内容は、2023年6月現在の法令等に基づいています。

付属データおよび会員特典データに記載されたURL等は予告なく変更される場合があります。

付属データおよび会員特典データの提供にあたっては正確な記述につとめましたが、著者や出版社などのいずれも、その内容に対してなんらかの保証をするものではなく、内容やサンプルに基づくいかなる運用結果に関してもいっさいの責任を負いません。

付属データおよび会員特典データに記載されている会社名、製品名はそれぞれ各社の商標および登録商標です。

著作権等について

付属データおよび会員特典データの著作権は、著者および株式会社翔泳社が所有しています。個人で使用する以外に利用することはできません。許可なくネットワークを通じて配布を行うこともできません。個人的に使用する場合は、ソースコードの改変や流用は自由です。商用利用に関しては、株式会社翔泳社へご一報ください。

2023年6月

株式会社翔泳社　編集部

第1章
ディープラーニングってなに？

はっかせー！
こんにちわー！

フタバちゃんは
いつも元気だね！
今日はどんなことを
聞きに来たの？

以前、
『Python3年生 機械学習のしくみ』で
機械学習を学んだじゃない？

それで次に学ぼうと思う
「ディープラーニング」って、
どんなものか聞きに来たの。

ディープラーニングは、
以前学んだ
「教師あり学習」を
発展させたものなんだ。
深層学習とも
いわれているよ。

教師あり学習の
一種なんだね。

ボム☆

うん。詳しくは
次から見ていこう！

了解です！

この章でやること

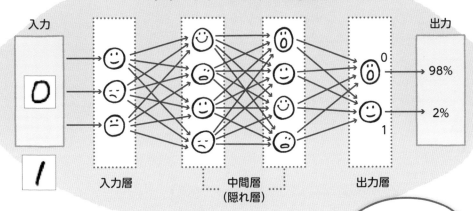

ディープラーニングってなに？

入力 / 入力層 / 中間層（隠れ層） / 出力層 / 出力 / 98% / 2%

脳をヒントに
作られているよ

Google Colab の準備

触れてみよう！

LESSON

01

ディープラーニング ってなに？

これからディープラーニングのしくみをまなんでいきます。ディープラーニングとはどのようなものなのでしょうか？

ねえねえハカセ。ディープラーニングって、どんなしくみで動いているの？

こんにちは、フタバちゃん。どうしたのかな。

『Python3年生 機械学習のしくみ』ではありがとうございました！ おかげで「いろんな種類の機械学習」がわかったんだけど、ディープラーニングだけはやっていなかったでしょ。

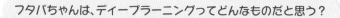

フタバちゃんは、ディープラーニングってどんなものだと思う？

それはですね〜。『ディープラーニングは、機械学習の一種で、多層のニューラルネットワークを使ってデータからパターンを自動で学習する技術です。画像認識や音声認識、自然言語処理など様々なタスクで使用されています。人間の認知や学習を参考にしているので、高い精度が得られるのです。』

あれ？ フタバちゃん、わかってるじゃない。

えへへ。今の解説は「ChatGPT」くんに教えてもらった答えなんだ。すごいよね。でも、せっかく教えてもらったんだけど、意味がよくわからないの。ハカセ、どういうことか教えて〜。

やれやれだな。では、ディープラーニングについて解説していこうか。

> ☐ ディープラーニングってどんなもの？　　　　　　　　　　　　　　✐
>
> 🤖 ディープラーニングは、機械学習の一種で、多層のニューラルネットワークを使ってデータか　👍 👎
> らパターンを自動で学習する技術です。画像認識や音声認識、自然言語処理など様々なタスク
> で使用されています。人間の認知や学習を参考にしているので、高い精度が得られるのです。

まずはおさらいからだ。機械学習っていうのは、「機械（コンピュータ）
がデータを学習して、予測や分類を行う技術」のことだったね。

ふむふむ。そうだったね。

その中でもイメージしやすいのは「教師あり学習」だ。「問題と答えの
ペア」を大量に渡すことで学習していく。

問題集をたくさんやって勉強するのに似てたよね

学習することで、データの傾向を表す線を見つけて「予測」ができるよ
うになったり、データの中に境界線を見つけて「分類」ができるように
なったりする。

機械学習って、「データの中に線を見つけること」なのね。

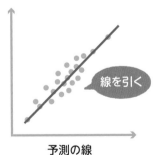

線を引く

予測の線

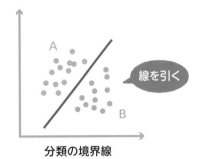

A

線を引く

B

分類の境界線

実はディープラーニングも、この教師あり学習を発展させたものなんだ。深層学習ともいうよ。

教師あり学習の一種なんだ。

ディープラーニングには、他の機械学習と違う特長が、主に2つある。1つ目は、「自ら学習する能力があること」。他の機械学習では、どれが学習に効果的な特徴データなのかは、人間が教えてあげる必要がある。しかしディープラーニングでは、どの特徴データを学習すれば効果的な学習ができるかを、自分で見つけることができるんだ。

それはラクだね〜。

2つ目は、「複雑なデータを処理する能力が高いこと」だ。ディープラーニングは、複雑なネットワーク構造を持っていて、大量の複雑なデータをうまく処理することができる。だから、より自然な特徴を抽出することができて、高精度な予測や分類を行うことができるんだよ。

普通の機械学習よりかしこいことができるのね。ハカセ。このディープラーニングでは、具体的になにができるの?

複雑な分類が得意なので、画像認識や音声認識、自然言語処理などによく使われているね。さらにそれを発展させた生成モデルを使って、画像の自動生成や音声合成、文章作成などにも使えるよ。

ディープラーニングが使用されている例

画像認識

- 顔認証システム
- 工場の不良品検知
- 画像の検索サービス
- パン屋さんの
  レジサービス
- 医療の画像解析
- 自動運転への応用
- 画像の自動生成

音声認識

- スマホの
  音声アシスタント
- 自動音声翻訳
- 議事録サービス
- 自然な音声合成

自然言語処理

- 自動翻訳サービス
  （DeepL翻訳）
- 問い合わせに答える
  サービス
- 対話型AI（ChatGPT）

そういえば、さっきフタバちゃんが使ってたOpenAIのChatGPT（2023年6月現在）はディープラーニングの一種だよ。自然言語処理（質問応答、機械翻訳、自動要約など）を行う、Transformerモデルというものが使われているんだ。

なんと！　ディープラーニングにディープラーニングのことを教えてもらってたのか！

ちなみにChatGPTは膨大なデータを効率よく学習できるように、「教師あり学習」と「教師なし学習」を組み合わせた、半教師あり学習を使っているんだよ。

へ〜。

最近、人工知能が身近なツールになってるよね。ChatGPTは、台湾のデジタル担当大臣のオードリー・タンさんもよく使ってるといってたよ。

わたしも同じのを使ってたなんてすごいね。

ただし注意が必要なんだ。ChatGPTは、質問の意味を理解して答えているわけではない。その文章に続く、確率の高い言葉を選んでそれっぽくいっているだけだからね。間違ったことも平気でいうよ。ネット上の情報で学習したので、「絶対に正しいことを答える」のではなく、「世間一般でよくいわれていることを答える」ということなんだよ。正しいことをいうことが多いけれど、間違ってるかもしれないので、「話し上手なネットの誰かに相談している」という気持ちで接するのがいいね。

そうなんだ〜。でもさあ、ディープラーニングって、どうしてそんなかしこいことができるの？

その昔、どうやったらかしこい人工知能を作れるだろうと考えた人たちがいて、「知的な活動って人間の脳が行ってるんだから、人間の脳を真似たらいいんじゃないか」って考えて、そこからどんどん進化してきたんだよ。

LESSON
02

脳をヒントに作られた
ディープラーニング

ディープラーニングは脳のしくみをヒントに作られています。脳のどのようなしくみをヒントにしているのでしょうか？

へえ。じゃあディープラーニングのしくみって、脳そっくりなの？

いや、そっくりではないんだ。人間の脳は非常に複雑で、今でもよくわかっていない部分が多い。完全に脳を真似ることはできていないんだ。

そうなの？

わかっている部分もあるよ。脳はたくさんの「ニューロン」という神経細胞でできていて、1つの大きさは0.1mm〜0.005mmととても小さい。大脳1mm³（立方ミリメートル）に、10万個ものニューロンがつまっていて、脳全体では1000億個もあるといわれている。脳は、これがたくさんつながったネットワークでできているんだ。

ひえ〜。脳って、すごい数のニューロンでできてるのね。

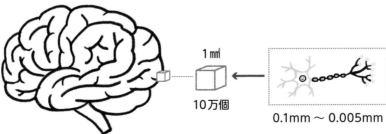

1 mm³

10万個

0.1mm 〜 0.005mm

1000億個

この脳の動きを細かく見ると、ニューロンが他のニューロンに電気信号を伝えることで活動している。そこでまず、「ニューロンのしくみ」に注目して考えることにしたんだ。

脳全体だと複雑だから、部品に目をつけたわけね。

ニューロンは、なんと電子部品のようなしくみを持っている。たくさんの「樹状突起」と呼ばれる突起と、「軸索」と呼ばれる長いケーブルと、その先に「軸索末端」という端子がある。樹状突起から「入力」された信号が、軸索末端から「出力」されるんだ。

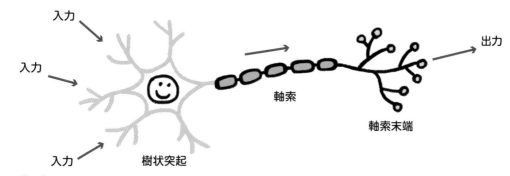

入力

入力

軸索

出力

軸索末端

入力

樹状突起

その軸索末端は次のニューロンの樹状突起とつながり、そのつながりがどんどん広がって、脳全体のネットワークになっているんだ。

脳って、すごいつながりなのね。

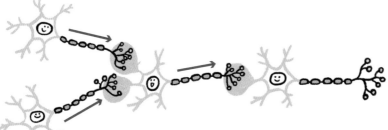

ニューロンは樹状突起で受け取った信号を、次のニューロンへと伝えていく。でもこのとき、そのまま伝えるわけじゃないんだ。

そのまま伝えないの？

入力信号が少ないときは信号を出力せず、信号が多くなって、ある値（しきい値）を超えたとき、活動が活性化して、次へ電気信号を出力するんだ。

へ〜。「信号が多いのは、重要なことだから次へ伝えよう」って感じだね。

このニューロンとニューロンのつなぎ目は「シナプス」と呼ばれているんだけど、シナプスは頻繁に信号が流れることで強いつながりに強化されるんだ。すると、重要な信号はより強力に伝わるように成長するんだよ。

頻繁に信号が流れるとニューロンくんは強化されるのか。練習を何回もくり返してるとできるようになるのって、このニューロンくんのしくみだったのね。

このニューロンのしくみをヒントに作られたのが、「パーセプトロン」なんだ。古典的な人エニューロンで、1957年に、フランク・ローゼンブラット博士が考案したんだよ。

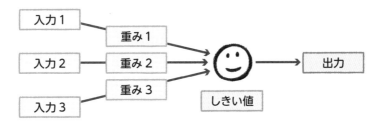

え〜っと、これって60年以上も前から考えられてたんだ。

パーセプトロンはニューロンと同じように複数の入力を受けて、なにかの処理を行って、結果を出力する。つまり、一種の関数だね。

なるほど。プログラムっぽくなってきたよ。

さらにこの関数では、ニューロンと同じように「信号の重要度を重視するしくみ」を使うんだ。

どういうこと？

複数の入力にはそれぞれ違った「重み」と呼ばれる数値が用意されている。入力された値はそれぞれ重みをかけ算するので、重みが大きければ、値が大きくなって強調される。

重みって、その入力がどれくらい重要かを表しているわけね。

そしてすべての値を合計して、その合計値がある「しきい値」より大きければ「1」を出力して、そうでなければ「0」を出力するんだ。

たしかに、ニューロンと似てるね。

ニューロン

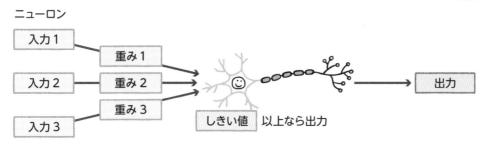

パーセプトロン

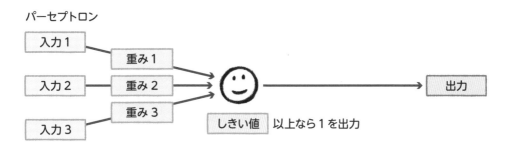

このパーセプトロンを使うと、データを2種類に分類することができるんだ。第2章では実際にこのパーセプトロンを作ってみるよ。

たのしみ～。

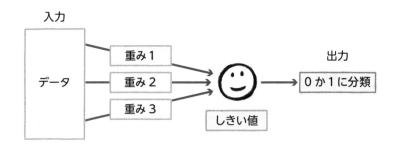

入力

データ — 重み1

重み2

重み3

しきい値

出力

0 か 1 に分類

最初は期待されていたんだ。でもすぐに、パーセプトロン1つでは、単純な分類しかできないということがわかり、下火になっちゃったんだ。

ありゃりゃ。

0   1

2 つに分類

パーセプトロンは
2つにしか分類できない

そこで考え出されたのが、人工ニューロンを複数つなぎ合わせた「人工ニューラルネットワーク（ANN）」だ。「入力層」と、「中間層（隠れ層）」と、「出力層」という層を持つ構造にするんだ。こうすることで、複雑な問題にも対応できることがわかったんだ。

今度はたくさんのニューロンたちでがんばるのね。

例えば、「数字の画像」という複雑なデータを見て『このデータは、「0」である確率が90%、「1」である確率は10%です。』といった予測ができるんだ。これはこの章の最後や、第4章で作ってみるよ。

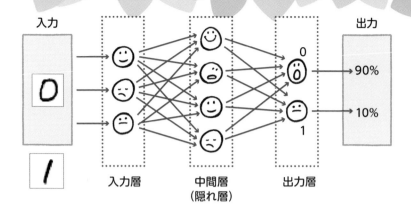

さらに、この中間層を2層3層と増やしていくと複雑な問題にも対応
できることがわかったり、「誤差逆伝播法」を使えば自分で勝手に学
習できそうだとわかったりして、さらに盛り上がりかけた。

盛り上がりかけた？

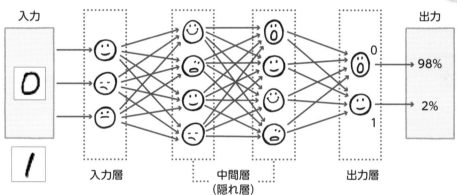

実は、「勾配消失問題」という、「層を多くすると学習がうまくいかなくなる問題」が出て、解決できる方法が見つからなくて、また下火になったんだ。

なかなか道のりは険しいね。

でも、2006年。ついに、ジェフリー・ヒントン博士が「オートエンコーダ」を提唱して、これによって「学習がうまくいかなくなる問題」が解決できたんだ。ここから飛躍的に進化できたんだよ。

ヒントンちゃん、すご〜い。

その後、何十層もある巨大ニューラルネットワークも学習できるようになって、より複雑な問題も解決できるようになったんだ。明確な基準はないけれど、層が2〜3層以上あるものを「ディープラーニング」と呼ぶようになった。ディープ（深い）とは、「層が多くて深い」という意味なんだね。

ディープラーニングって、ニューラルネットワークだったのね。

その後はどんどん進んでいったよ。2012年にはGoogleが、人が教えなくても、人工知能が自発的に猫を認識することに成功した。2016年には、DeepMindが作った囲碁の人工知能「アルファ碁」がプロの棋士に勝利したんだ。

一気にすごいことになってきたね。

自分で学習できるしくみ：誤差逆伝播法

ディープラーニングは、自分で学習することができます。どのようなしくみで学習しているのでしょうか？

ところでハカセ。ディープラーニングは、どうして自分で学習することができるの？

自分で何度も学習をくり返すんだけど、学習するたびに、正解となるつながりを強化して、不正解になるつながりは弱めていくというしくみを自分で行って、だんだん正解するようになるんだ。

ん？　それって具体的にどうやってるの？

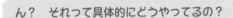

それが、1986年にラメルハート博士が提唱した「誤差逆伝播法（ごさぎゃくでんぱほう）」だ。

ゴサギャクデンパホー？

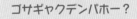

人工知能で学習する本体のことを「モデル」と呼ぶけど、まず、そのモデルにいきなり問題を出して答えさせるところから始めるよ。

いきなり問題を出すの？

そしてすぐ答え合わせをするんだ。でも、知らない問題をいきなり出されても、誰でも間違えるよね。モデルも、最初は間違える。

勉強を始める前にテストされるなんて、やだな～。

25

なぜ間違えたかというと、最初そのモデルのニューロンの重みはランダムに、取りあえず適当に設定しているだけだからだ。そこで、「答えと正解との誤差」を調べ、この誤差を使って重みを修正していくんだ。

誤差？

教師あり学習だから、「問題と答えのペア」で学習していく。このとき本当の答えを知ってるから、モデルが予測した答えがどれだけ間違えたかがわかる。それが誤差だ。

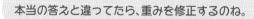
本当の答えと違ってたら、重みを修正するのね。

もし誤差が大きいときは、大きく間違えたわけだ。モデルが考えていた重要度は大きく違っていたわけだから、重みを大きく修正する。

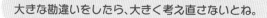
大きな勘違いをしたら、大きく考え直さないとね。

でも誤差が小さいときは、モデルが考えていた重要度は少し違っていただけだから、重みは少しだけ修正する。

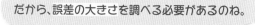
だから、誤差の大きさを調べる必要があるのね。

このどれだけ大きく間違えていたかを調べる関数を「損失関数（そんしつかんすう）」と呼んでいるよ。

じゃあ「損失関数」を使えば修正できるのね？

それだけじゃだめなんだ。損失関数は、間違いの大きさはわかるけれど、「間違いを修正するために、重みを大きくすればいいか、小さくすればいいか」がわからない。そこで「最適化アルゴリズム」を使うよ。いろいろな手法があるけれど、基本的な考え方は「勾配法（こうばいほう）」だ。

コーバイホー？

誤差のその瞬間の傾きを調べるんだ。傾きが右下がりだったら重みの数値を大きいほうへ、左下がりだったら重みの数値を小さいほうへ修正する。こうすることで、誤差が小さくなる方向に修正されていくんだよ。

こうやって誤差を小さくするのね。

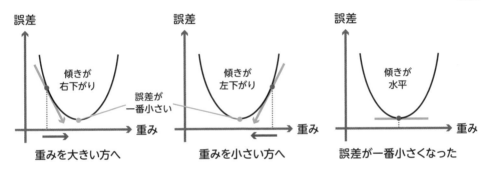

じゃあ、「逆伝播」っていうのはどういうこと？

モデルが問題に答えるときは、信号が入力層から出力層へ順番に伝播していく。だから、これを「順伝播（じゅんでんぱ）」という。

ふむふむ。

これに対して、誤差で重みを修正していくときは、「結果からわかった誤差」を出力層から入力層へ、逆向きに重みを調整していく。誤差を使って、逆に伝播していくから、「誤差逆伝播法（バック・プロパゲーション）」というんだよ。

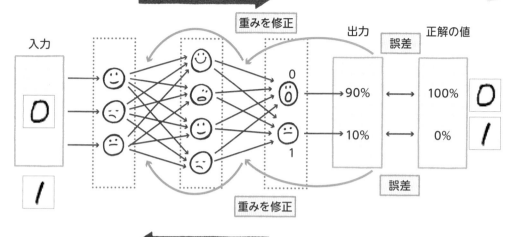

でも、1回修正したぐらいでちゃんと学習できるの？

できないできない。場合によっては、何百回とか何千回とかくり返すよ。

げげー。そんなに修正するの〜！

「問題に答えて、誤差で重みを修正する」という手順を1回の学習と数える。「エポック（Epoch）数」ともいうよ。初回は間違いだらけでも、学習をたくさんくり返すうちに、だんだん正解できるようになる。これが、「自分で学習できるしくみ」なんだ。

人工知能くんでも「自分で学習する」って、地道な努力だったのね。

LESSON 04
Google Colabの準備をしよう

Google Colaboratory はディープラーニングを試すのに便利な環境です。その準備の仕方を見ていきましょう。

さあ、それでは実際にPythonで動かしていこう。

やった〜！

そのために、Pythonでディープラーニングができる環境を用意する必要があるんだけど、ディープラーニングは大量の計算が必要になる。だから、高速なコンピュータや、ときには「GPU」というプロセッサが必要になってくるんだけど、用意するのはちょっと大変だ。

う〜ん。わたしのパソコンってそんなに高性能じゃないよ。

そこで、Google Colaboratoryという便利な環境を利用しよう。

『Python3年生 機械学習のしくみ』で使ったやつね。

　Google Colaboratory（以下Google Colabと略します）は、Googleアカウントとブラウザさえあれば、すぐにPythonのプログラムを使えるサービスです。「セル」という四角い枠にプログラムを入力し、実行するとその結果は、セルのすぐ下に表示されます。続きのプログラムは、その下にセルを追加して入力していきます。長いプログラムを分けて入力&実行していけるので、データ分析や人工知能のような「途中経過を確認して考えながら進めたい処理」に向いています。

※この本では、Google Colab を使って進めていきます。すでに使ったことがある人は、36ページのLESSON 05へ進んでください。

① Googleアカウントを用意する

　Google Colabを使うには、Googleアカウントが必要です。まずは、Googleアカウントを作ってください。ブラウザ（Chrome、Edge、Safariなど）を使います。保存したデータは、クラウド上のGoogleドライブに保存されますので、同じGoogleアカウントでログインすれば、別のパソコンやiPadなどでも続きを行うことが可能です。

② Google Colabアプリを追加する

　ブラウザ（Chrome、Edge、Safari）で、GoogleのページでGoogleアカウントでログインしてから、www.google.comにアクセスして、❶Googleドライブを開きます。

　❷［＋新規］ボタンをクリックして、❸［その他 ＞ ＋ アプリを追加］をクリックします。

追加していこう！

表示されたダイアログの検索窓で「colabo」と入力すると表示される❹［Colaboratory］をクリックして、❺［インストール］をクリックすると、Google Colabをインストールできます。

※これは、まだGoogle Colabをインストールしていない初回にのみ行います。

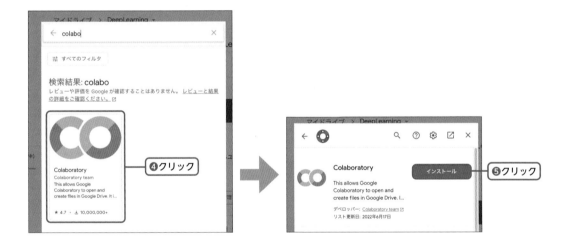

③ ノートブックファイルの新規作成

［＋新規］ボタンをクリックすると［その他 ＞ Google Colaboratory］というメニューが増えています。❶❷［その他 ＞ Google Colaboratory］をクリックしましょう。新しいノートブックが作成されて、表示されます。

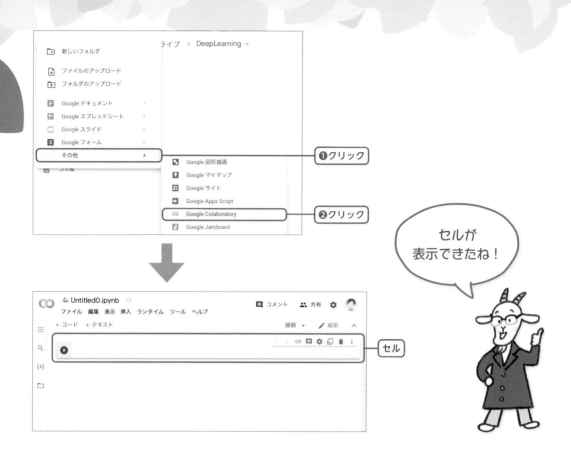

セルが
表示できたね！

④ ノートブックファイルの名前を変更

左上の「Untitled0.ipynb」が、ノートブックのファイル名です。❶クリックすると変更できますので、「DLtest1.ipynb」などのわかりやすい名前に変更しましょう。

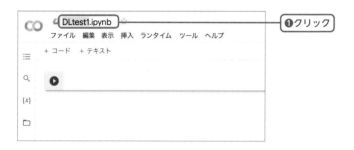

❶クリック

⑤ セルにプログラムを入力する

ノートブックファイルの新規作成ができたら、Pythonプログラムの入力を試してみましょう。四角い枠が「セル」です。ここに、リスト1-1のように入力しましょう。

【入力プログラム】リスト 1-1

```
print("Hello")
```

```
+ コード    + テキスト


  ▶  print("Hello")
```

⑥ セルを実行する

セルの左にある❶［セルを実行］ボタン（プレイボタン）をクリックすると、「選択されているセル」が実行され、すぐ下に結果が表示されます。または、Ctrl キーを押しながら Enter キーを押しても実行されます。

出力結果

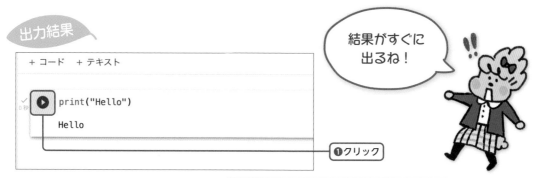

```
+ コード    + テキスト

✓   ▶  print("Hello")
0.秒
        Hello
```

❶クリック

結果がすぐに出るね！

※セルの左が［1］などに変わります。この番号は「このページを開いてからセルが何番目に実行されたか」を表していて、実行するたびに増えていきます。

※実行するとき、初回は接続に少し時間がかかりますが、2回目以降はすぐ実行できるようになります。

⑦ 新しいセルを追加する

❶［+コード］ボタンをクリックすると、プログラムを入力できるセルが新しく追加されます。［+テキスト］ボタンをクリックすると、説明文用のセルが追加されます。

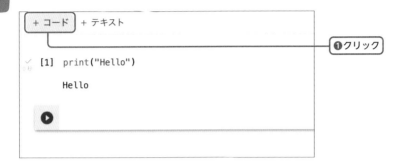

⑧ ノートブックの保存

ファイルメニューから❶［保存］を選択すると、ノートブックはGoogleドライブに保存されます。

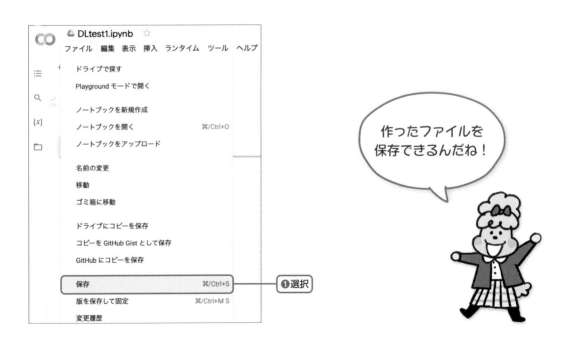

作ったファイルを
保存できるんだね！

Google Colabには、90分ルールと12時間ルールがあります。「最後のプログラムの実行が終わってから90分経過したとき」と、「プログラムの実行中でも、そのノートブックを開き続けて12時間経過したとき」に、「ランタイムの切断」というダイアログが表示されて、そのページを開いたときの状態に戻るというルールです。

今日そのノートブックで実行した実行結果や、pipでインストールしたライブラリや、テスト用にアップロードした画像ファイルなどがリセットされてしまいます。しかし、書いたプログラムはページに残っているので、上から実行し直せば動きます。

ランタイムの切断

一定時間操作がなかった、または接続最大時間に達したため、ランタイムの接続が解除されました。 詳細
ランタイムを延長し、タイムアウトの発生を抑えることに関心をお持ちの場合は、 Colab Pro をご覧ください。

閉じる　再接続

※ Google Colab は基本的に無料版です。もし本格的に使うなら有料版（Colab Pro）にアップグレードすることもできます。ですが、無料版でも実行時間やメモリ容量などに制限がありますが、GPU も使えますので、ゆっくり学習するには問題ありません。

90分ルールと
12時間ルールを
覚えておこう！

LESSON

05

ディープラーニングを 動かしてみよう

Google Colaboratory の準備ができたら、まずは試運転をしてみましょう。簡単なプログラムを入力して動かしましょう。

Google Colab の準備ができたので、いきなりだけど「数字の画像認識をするニューラルネットワーク」をプログラムしてみよう！

え！　もう作っちゃうの？

まずは体験だ。リスト 1-2 のプログラムを、打ち間違いをしないように気をつけて入力しよう。

Google Colab のセルにリスト 1-2 のプログラムを入力して、実行してください。

【入力プログラム】リスト1-2

```python
import keras
from keras import layers
from keras.datasets import mnist

(x_train, y_train),(x_test, y_test) = mnist.load_data()
x_train, x_test = x_train / 255.0, x_test / 255.0
model = keras.models.Sequential()
model.add(layers.Flatten(input_shape=(28, 28)))
model.add(layers.Dense(128, activation="relu"))
model.add(layers.Dense(10, activation="softmax"))
model.compile(optimizer="adam",
              loss="sparse_categorical_crossentropy",
```

```
            metrics=["accuracy"])
model.fit(x_train, y_train, epochs=5,
          validation_data=(x_test, y_test))
```

出力結果

```
Downloading data from https://storage.googleapis.com/↵
tensorflow/tf-keras-datasets/mnist.npz
11490434/11490434 [==============================] - 0s 0us/step
Epoch 1/5
1875/1875 [==============================] - 22s 11ms/step - ↵
loss: 0.2561 - accuracy: 0.9268 - val_loss: 0.1357 - val_↵
accuracy: 0.9618
 （略）
Epoch 4/5
1875/1875 [==============================] - 7s 4ms/step - ↵
loss: 0.0584 - accuracy: 0.9821 - val_loss: 0.0819 - val_↵
accuracy: 0.9753
Epoch 5/5
1875/1875 [==============================] - 7s 4ms/step - ↵
loss: 0.0439 - accuracy: 0.9861 - val_loss: 0.0686 - val_↵
accuracy: 0.9778
<keras.callbacks.History at 0x7f776b975460>
```

少しずつ伸びる棒グラフ

（これは結果の例です。値は学習のたびに少し変わります。）

なんか、少しずつ伸びる棒グラフみたいなのが表示されたよ。これで終わり？

この棒グラフが伸びていく様子は、「ニューラルネットワークが学習している様子」だ。これが終われば、学習ができたということなんだ。では次に「数字の画像データ」を渡して、「それが何の数字かを予測」させてみよう（リスト1-3）。

【入力プログラム】リスト1-3

```
import matplotlib.pyplot as plt
import numpy as np


plt.imshow(x_test[0], cmap="Greys")
```

```
plt.show()
pre = model.predict(x_test)
index = np.argmax(pre[0])
print(f"この画像は「{index}」です。 ")
```

出力結果

```
313/313 [==============================] - 1s 2ms/step
この画像は「7」です。
```

「7」の画像を見て、ちゃんとこの画像は「7」だ、って予測できた。あっさりできちゃったね！

今はGoogle Colabの試運転だから、プログラムの意味はよくわからないと思うけど、それはこれから説明していくからね！

結果がでると
嬉しいね！

予測できたね！

第2章
パーセプトロンを作ってみよう

この章でやること

論理回路とパーセプトロン

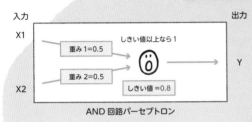

AND 回路パーセプトロン

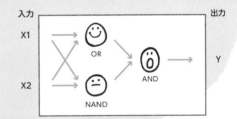

OR 回路パーセプトロン

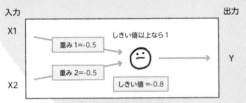

NAND 回路パーセプトロン

XOR 回路パーセプトロン

パーセプトロンを
作ってみよう

活性化関数を知る

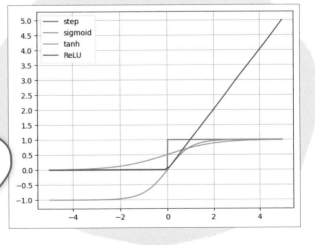

いろんな種類が
あるんだね！

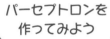

LESSON

06

ANDをパーセプトロン で作ろう

人工ニューロンのパーセプトロンを作ってみましょう。まずはシンプルに 体験できる「AND のパーセプトロン」を作ります。

次は、人工ニューロンの「パーセプトロン」を作ってみよう。

わくわく。

パーセプトロンを作る例としては、AND 回路やOR回路といった論 理回路がよく使われるから、それを作ってみよう。

えー、もっと楽しいのがいいなあ。

シンプルに考えられるので、最初にはいいんだよ。パズルって考えて みたらどうだろう?

パズルかあ。なら面白そうかな。

　まず、新しいノートブックを作って準備しましょう。Googleドライブで［＋新規］ボタ ンをクリックして、❶❷［その他 > Google Colaboratory］をクリックします。 　次に❸左上のファイル名をクリックして、「DLtest2.ipynb」に変更しましょう。

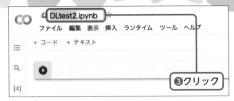

最初は「AND回路」を作るよ。「入力は2つです。入力が両方とも1のときだけ1を出力して、それ以外は0を出力します。」という回路なんだ。

入力			出力

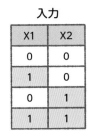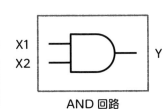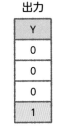

X1	X2		Y
0	0		0
1	0		0
0	1		0
1	1		1

AND 回路

まずは普通のプログラムで作ってみよう。「もし、2つの入力が両方とも1なら1、そうでなかったら0を出力する」というしくみなので、if文で作ることができる。リスト2-1のような感じだ。結果を表示させるプログラムもつけておくよ。

【入力プログラム】リスト2-1

```
X1 = [0,1,0,1]
X2 = [0,0,1,1]

def test(x1, x2):
    if x1 == 1 and x2 == 1:
```

```
            return 1
        else:
            return 0

def disp_results(func):
    for i in range(4):
        Y = func(X1[i], X2[i])
        print(f"{X1[i]}, {X2[i]} = {Y}")

disp_results(test)
```

まず、入力するデータをX1、X2のリストで用意しておきます。

次に、処理を行う関数testを作ります。引数はx1とx2の2つで、「もし、この2つの入力が1なら1、そうでなかったら0」を返すようにします。

最後に、結果を表示する関数disp_resultsを作って、引数を関数にします。この関数に、X1、X2のデータを入力して『「入力値1」,「入力値2」=「出力値」』という表示をさせようと思います。

そこで、「f文字列」を使います。「複数の変数を組み合わせて文字列を作る」ときに、覚えておくと便利な機能です。

【書式】f 文字列の書き方

```
f"文字列{変数名または式}文字列"
```

f文字列は、文字列の中の変数名を埋め込みたいところに、波括弧で変数名を囲んで書きます。すると文字列では「{変数名}」の部分が「変数の値」に置き換わります。今回は、『{入力値1}, {入力値2} ={出力値}』という表示を行いたいので、print(f"{X1[i]}, {X2[i]} = {Y}")と指定します。

入力できたら、[このセルを実行] ボタンをクリックして実行しましょう。

出力結果

```
0, 0 = 0
1, 0 = 0
0, 1 = 0
1, 1 = 1
```

「両方とも1なら1を出力する関数」ができたね。

次はこれと同じ処理を、パーセプトロンで作ってみるよ。
「 if x1 == 1 and x2 == 1:」というif文は使わないんだ。

そんなことできるの？

「ちょうどいい重みとしきい値を見つける」という方法でできるんだよ。

不思議な方法〜。重みとしきい値を見つけるだけで作れるなんて、ほんとにパズルみたいね。でも、値なんてどうやって見つけるの？

目的が達成できればいいから、値の組み合わせはいろいろ見つかるよ。
このいろいろあることがパーセプトロンの柔軟な特徴なんだけど、例えば、重み1と重み2を「0.5」、しきい値を「0.8」という組み合わせで、AND回路と同じ動きができるんだ。

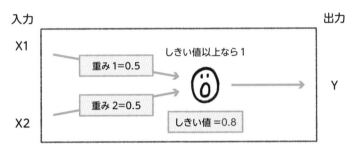

AND 回路パーセプトロン

これがパーセプトロンか〜。

「どちらも1の場合」は、重みをかけ算して合計するので0.5+0.5で1。
0.8より大きいから「出力は1」になる。「片方が1で、もう片方が0の場合」は、合計は0.5+0で0.5。0.8より小さいから「出力は0」になる。
「両方が0の場合」は、「出力も0」。ほら、AND回路と同じ結果になるでしょう。

ほんとだね。

このしくみをPythonで書いてみるよ。

それでは、「AND回路のパーセプトロン」をPythonで作りましょう。

それが、リスト2-2です。次のプログラムを入力してください。

【入力プログラム】リスト 2-2

```python
def and_test(x1, x2):
    w1, w2, theta = 0.5, 0.5, 0.8
    ans = w1 * x1 + w2 * x2
    if ans > theta:
        return 1
    else:
        return 0


disp_results(and_test)
```

and_testというパーセプトロンの関数を作ります。引数は2つです。最初に、2つの重みとしきい値の値を決定しておきます。重みを「w1、w2」という変数に、しきい値を「theta」という変数に入れて用意します。このように、複数の変数をまとめて作るときは、カンマ区切りでまとめて変数を作ることができます。「w1, w2, theta = 0.5, 0.5, 0.8」と1行でまとめて作ります（見やすくする書き方なので、1行にまとめず3行で書いてもかまいません）。

【書式】複数の変数に値を入れる

変数名1，変数名2，変数名3 ＝ 値1，値2，値3

次に、合計を求めます。それぞれの重みに入力値をかけ算して、合計をans変数に入れます。それが「ans = w1 * x1 + w2 * x2」です。その合計値（ans）が、しきい値（theta）より大きければ1、そうでなければ0を返すように作れば、パーセプトロンのできあがりです。

［このセルを実行］ボタンをクリックして実行しましょう。

出力結果

```
0, 0 = 0
1, 0 = 0
0, 1 = 0
1, 1 = 1
```

「両方とも1のときだけ1」になったね。でも、「ほんとに分類できた」って、確認する方法はないの？

じゃあ、『機械学習のしくみ』でやったみたいに、「分類の状態を可視化する関数」を作って見てみよう。

おー！

LESSON
06

この関数は、「パーセプトロンの関数」「1つ目の入力」「2つ目の入力」の3つを引数として渡すと、「データの散布図」と「どのような分類になっているか」を可視化できるんだ。

　リスト2-3のプログラムを入力してください。入力が大変だったら、10ページのダウンロードサイトからサンプルファイルをダウンロードして使ってください。

※リスト2-3の関数の解説は、ディープラーニングのしくみと直接関係がないので特にはしません。

【入力プログラム】リスト2-3

```python
import numpy as np
import matplotlib.pyplot as plt


def fillscolors(data):
    return "#ffc2c2" if data > 0 else "#c6dcec"
def dotscolors(data):
    return "#ff0e0e" if data > 0 else "#1f77b4"


def plot_perceptron(func, X1, X2):
    plt.figure(figsize=(6, 6))
    XX, YY = np.meshgrid(
        np.linspace(-0.25, 1.25, 200),
        np.linspace(-0.25, 1.25, 200))
    XX = np.array(XX).flatten()
    YY = np.array(YY).flatten()
    fills = []
    colors = []
    for i in range(len(XX)):
```

```
        fills.append(func(XX[i], YY[i]))
        colors.append(fillscolors(fills[i]))
    plt.scatter(XX, YY, c=colors)

    dots = []
    colors = []
    for i in range(len(X1)):
        dots.append(func(X1[i], X2[i]))
        colors.append(dotscolors(dots[i]))
    plt.scatter(X1, X2, c=colors)
    plt.xlabel("X1")
    plt.ylabel("X2")
    plt.show()
```

では、パーセプトロンの関数と2つの入力値を渡して、分類の様子を見てみよう（リスト2-4）。

【入力プログラム】リスト2-4

```
plot_perceptron(and_test, X1, X2)
```

出力結果

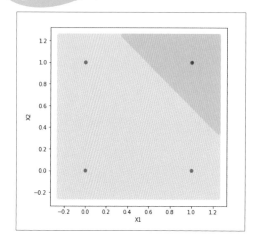

横軸がX1で、縦軸がX2だ。「0, 0」「0, 1」「1, 0」に青い点、「1, 1」に赤い点があるね。そして、背景もすべて着色して分類の様子を表しているんだ。

すごーい。赤と青で分類できてるのがわかるね。

ORをパーセプトロンで作ろう

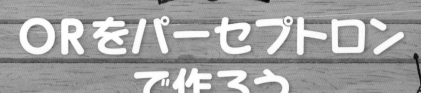

次は「OR のパーセプトロン」を作ります。「AND のパーセプトロン」の
パラメータを変更するだけで作れます。

次は「OR 回路」だ。「入力は2つです。入力のどちらか1つでも1だっ
たら1を出力して、それ以外は0を出力します。」という回路だよ。

入力	
X1	X2
0	0
1	0
0	1
1	1

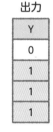

出力
Y
0
1
1
1

X1
X2
Y

OR 回路

これも、重みとしきい値を決めるだけで作れるんだ。例えば、さっきの
AND 回路のしきい値を「0.2」に変更するだけでできるよ。

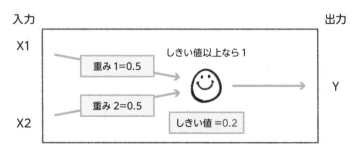

入力　　　　　　　　　　　　　　　　　　　　　　　出力

X1

重み1=0.5　　　　しきい値以上なら1

　　　　　　　　　　　　　　　　　Y

重み2=0.5

しきい値 =0.2

X2

OR 回路パーセプトロン

たったそれだけ？

Pythonのプログラムにしてみよう。AND回路の関数とほとんど同じだから「リスト2-2」のプログラムをコピーして、「関数名」と「w1, w2, theta = 0.5, 0.5, 0.8」の部分を「w1, w2, theta = 0.5, 0.5, 0.2」に変更するだけでできるよ（リスト2-5）。

【入力プログラム】リスト2-5

```python
def or_test(x1, x2):
    w1, w2, theta = 0.5, 0.5, 0.2
    ans = w1 * x1 + w2 * x2
    if ans > theta:
        return 1
    else:
        return 0

disp_results(or_test)
```

出力結果

```
0, 0 = 0
1, 0 = 1
0, 1 = 1
1, 1 = 1
```

たしかに「どちらか1つでも1だったら1」になった～。

これも可視化してみよう（リスト2-6）。

【入力プログラム】リスト2-6

```python
plot_perceptron(or_test, X1, X2)
```

出力結果

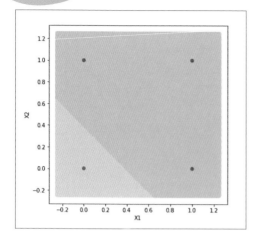

さっきは、青が多かったけど、今度は赤が多くなったね。

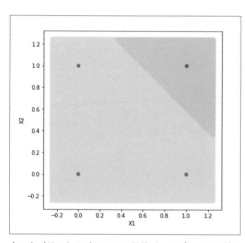

さっき（リスト 2-4）の AND 回路パーセプトロンの結果

LESSON

08

NANDをパーセプトロンで作ろう

次は「NANDのパーセプトロン」を作ります。これも「ANDのパーセプトロン」のパラメータを変更するだけで作れます。

次は「NAND回路」だ。ANDそっくりなんだけど、出力される1と0が逆なんだ。「入力は2つです。両方とも1のときだけ0を出力して、それ以外は1を出力します。」という回路だ。

出力が逆さまなのね。

入力				出力

X1	X2
0	0
1	0
0	1
1	1

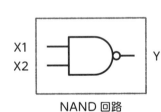

X1
X2
Y

NAND 回路

Y
1
1
1
0

AND回路そっくりだけど、逆の動きをするよね。だから、重みとしきい値をすべてマイナスにすることでできるんだ。

ほんとにそれだけ？！

入力　　　　　　　　　　　　　　　　　　　　　出力

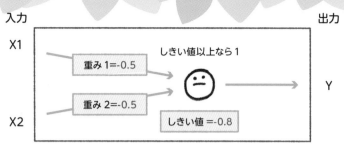

X1

重み1=-0.5

しきい値以上なら1

重み2=-0.5

X2

しきい値=-0.8

Y

NAND回路パーセプトロン

LESSON
08

Pythonのプログラムにしてみよう。これもAND回路の関数とほとんど同じだから「リスト2-2」のプログラムをコピーして、「関数名」を変更し、さらに「w1, w2, theta = -0.5, -0.5, -0.8」に変更してみるよ（リスト2-7）。

【入力プログラム】リスト2-7

```python
def nand_test(x1, x2):
    w1, w2, theta = -0.5, -0.5, -0.8
    ans = w1 * x1 + w2 * x2
    if ans > theta:
        return 1
    else:
        return 0

disp_results(nand_test)
```

出力結果

```
0, 0 = 1
1, 0 = 1
0, 1 = 1
1, 1 = 0
```

1と0が逆になってる〜。

これも可視化してみよう（リスト2-8）。

【入力プログラム】リスト 2-8

```
plot_perceptron(nand_test, X1, X2)
```

出力結果

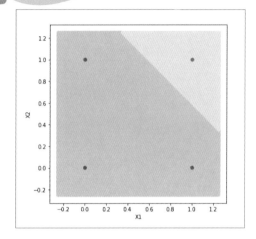

赤と青が逆だ。ほんと、パズルみたいね。

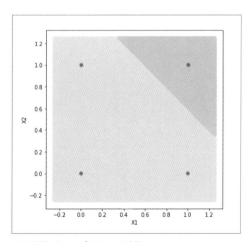

AND 回路パーセプトロンの結果

XORをパーセプトロンで作ろう

次は「XORのパーセプトロン」を作ります。これはパラメータを変更するだけでは作れません。どのように作ればいいのでしょうか？

もうこれだったら、なんでも分類できちゃうね。

昔のパーセプトロンを作った人たちもきっとそう思ったろうね。でも、実はできない場合もあるとわかったんだ。それがXOR回路だ。

どうしてできないの？

「XOR回路」というのは、「入力は2つです。2つの入力が違っていたら1を出力して、2つの入力が同じだったら0を出力します。」という回路なんだ。

入力	
X1	X2
0	0
1	0
0	1
1	1

X1
X2 ⟩—— Y

XOR 回路

出力
Y
0
1
1
0

なんか、できそうな気がするよ？

でも、「0, 1」「1, 0」のときは1で、「0, 0」「1, 1」のときは0なので、単純に分類することができない。以下のグラフみたいに一直線ではない境界線が必要だ。

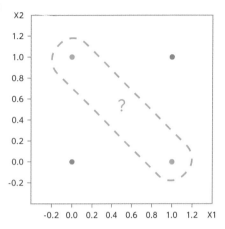

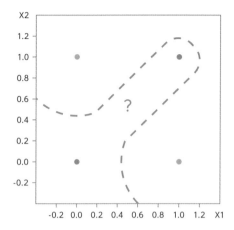

これって、重みとしきい値を変えてなんとかならないの？

じゃあ、ぜんぜん違う値にして試してみようか。「リスト2-2」のプログラムから「関数名」を変更し、さらに「w1, w2, theta = 0.7, -0.3, 0.2」に変更してみるよ（リスト2-9）。

【入力プログラム】リスト2-9

```
def other_test(x1, x2):
    w1, w2, theta = 0.7, -0.3, 0.2
    ans = w1 * x1 + w2 * x2
    if ans > theta:
        return 1
    else:
        return 0

disp_results(other_test)
```

出力結果

```
0, 0 = 0
1, 0 = 1
0, 1 = 0
1, 1 = 1
```

へ〜。なんかいい感じじゃない？

じゃあ、可視化してみるよ（リスト2-10）。

【入力プログラム】リスト2-10

```
plot_perceptron(other_test, X1, X2)
```

出力結果

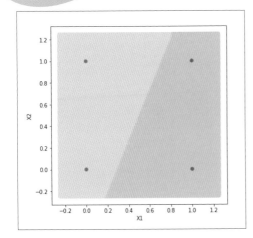

あれ？　傾きが違うだけでこれもまっすぐな分割なのね。

つまり、パーセプトロンが1つだと、直線の分割しかできないんだ。そこで考え出されたのが「多層パーセプトロン」だ。複数のパーセプトロンを組み合わせれば、XOR回路の動きができることがわかったんだよ。

ORとNANDとANDを使うんだ。まず、2つの入力をORとNANDにそれぞれ入れると2つの出力が出てくる。そしてその出力をANDに入力するとできるんだ。

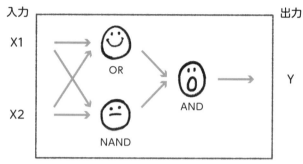

XOR 回路パーセプトロン

すでに3つの関数はできているから、それを利用して作るよ（リスト2-11）。まず、ORの結果をs1、NANDの結果をs2に入れる。そのs1とs2をANDに入れると、XORの結果が出てくるんだ。

【入力プログラム】リスト 2-11

```python
def xor_test(x1, x2):
    if or_test(x1, x2) > 0:
        s1 = 1
    else:
        s1 = 0
    if nand_test(x1, x2) > 0:
        s2 = 1
    else:
        s2 = 0
    ans = and_test(s1, s2)
    if ans > 0:
        return 1
    else:
        return 0
```

```
disp_results(xor_test)
```

出力結果

```
0, 0 = 0
1, 0 = 1
0, 1 = 1
1, 1 = 0
```

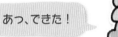

あっ、できた！

これも、可視化してみよう（リスト2-12）。

【入力プログラム】リスト2-12

```
plot_perceptron(xor_test, X1, X2)
```

出力結果

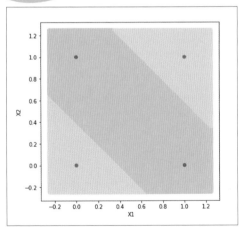

あっ。2本の直線で分けたのか！

ORの結果と、NANDの結果から作ったことが、図でもわかるよ。ORは左下が青、NANDは右上が青になっているよね。これをあわせて、XORになるというわけだ。

なるほどー。

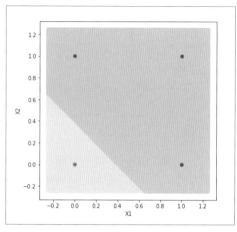

OR の結果

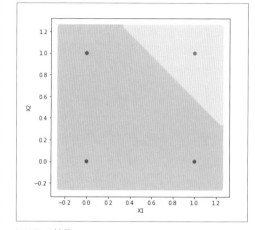

NAND の結果

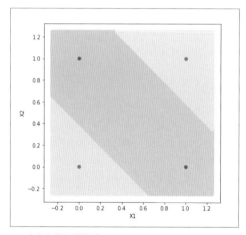

2 つをあわせた結果が XOR

活性化関数ってなに？

パーセプトロンは複雑な学習には適していませんでした。そこでもっと複雑な学習に対応するために改良された活性化関数を見てみましょう。

じゃあ、パーセプトロンを増やしたら、なんでもできるようになるんだね。

ところが、そうでもない。パーセプトロンはシンプルなので、複雑な学習には適していないんだ。

いい方法だと思ったんだけどな〜。

でも、「入力の合計値が、あるしきい値を超えたら次へ出力する」というアイデアはよかったんだよ。シンプルすぎたんだね。だから、この部分がもっと複雑なものに改良されていくよ。

そうなんだ。よかった。

この「入力の合計値があるしきい値を超えたら、活動が活性化して、出力する関数」のことを「活性化関数」と呼ぶよ。これまでのパーセプトロンのような方式は「ステップ関数」というんだ。

ステップ関数？

どんなグラフになるか、見てみよう（リスト2-13）。

【入力プログラム】リスト 2-13

```python
import numpy as np
import matplotlib.pyplot as plt

def step_func(x):
    return np.where(x>0, 1, 0)
x1 = np.linspace(-5, 5, 500)
y1 = step_func(x1)

plt.plot(x1, y1)
plt.legend(["step"], loc="best")
plt.yticks(np.arange(0, 1.2, step=0.5))
plt.grid()
plt.show()
```

　ステップ関数の値を細かくグラフ化したいので、まず-5〜5を500等分した500個の入力値を作ります。それを行っているのが「x1 = np.linspace(-5, 5, 500)」で、ここではNumPyの配列として作られます。それをステップ関数に入力して、結果を出力します。ステップ関数は、if文で作れますが、今回はNumPyの配列を扱うので、配列に対してif文のように処理できる「np.where(x>0, 1, 0)」を使います。これで、「配列xの中身すべてに対して、もし0より大きいなら1、そうでなければ0」という処理を行います。この結果を、matplotlibでグラフ化します。

出力結果

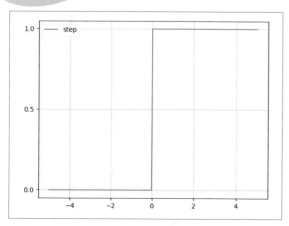

段に分かれてる！

きっちり段になって分かれてるね。

ステップ関数は、傾きがずっと水平だ。だから、学習するとき、間違いをどちらへどのぐらい修正すればいいかわからないので、学習がうまくいかないんだ。

単純すぎるのね。

そこで、もっと滑らかな曲線で描ける「シグモイド関数」や、いろいろな活性化関数が考え出されたんだよ。

ん？　シグモイド関数って『Python3年生　機械学習のしくみ』にも出てきたね。

そうそう。シグモイド関数は入力値を0から1の間の値に変換してくれる。さっきのグラフに、シグモイド関数を重ねて見てみよう（リスト2-14）。

【入力プログラム】リスト2-14

```
def sigmoid_func(x):
    return 1/(1+np.exp(-x))
x2 = np.linspace(-5, 5)
y2 = sigmoid_func(x2)

plt.plot(x1, y1)
plt.plot(x2, y2)
plt.legend(["step", "sigmoid"], loc="best")
plt.yticks(np.arange(0, 1.2, step=0.5))
plt.grid()
plt.show()
```

シグモイドの計算は、「1/(1+np.exp(-x))」で行えます。これを使って関数sigmoid_funcを作り、ステップ関数と比較するために、重ねて表示します。

出力結果

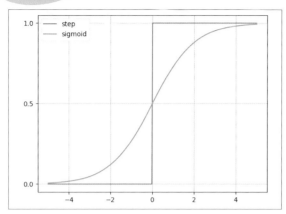

ぜんぜん滑らかなカーブね。

活性化関数は、さらにどんどん開発されているよ（リスト2-15）。シグモイド関数は値が0〜1だけれど、値が-1〜1になる「ハイパーボリックタンジェント関数」は、より複雑な表現ができて、学習スピードもアップするんだ。

【入力プログラム】リスト2-15

```python
def tanh_func(x):
    return np.tanh(x)
x3 = np.linspace(-5, 5)
y3 = tanh_func(x3)

plt.plot(x1, y1)
plt.plot(x2, y2)
plt.plot(x3, y3)
plt.legend(["step", "sigmoid", "tanh"], loc="best")
plt.yticks(np.arange(-1, 1.2, step=0.5))
plt.grid()
plt.show()
```

　ハイパーボリックタンジェントの計算は、「np.tanh(x)」で行えるので、これを使って関数tanh_funcを作り、これも重ねて表示します。

出力結果

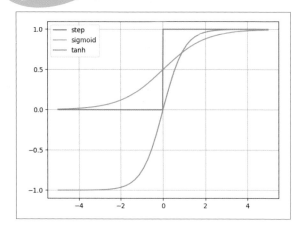

上下の幅が広くなったね。

そして、もっと高速に計算できる「ReLU（レルー）関数」が考え出された（リスト2-16）。「0より大きいときはその値のまま、そうでなければ0」という、ステップ関数に似たシンプルな関数だ。計算がシンプルだから高速に計算できて、しかもいい具合に学習できるのでよく使われているよ。

【入力プログラム】リスト2-16

```
def relu_func(x):
    return np.where(x>0, x, 0)
x4 = np.linspace(-5, 5)
y4 = relu_func(x4)

plt.plot(x1, y1)
plt.plot(x2, y2)
plt.plot(x3, y3)
plt.plot(x4, y4)
plt.legend(["step", "sigmoid", "tanh", "ReLU"], loc="best")
plt.yticks(np.arange(-1, 5.2, step=0.5))
plt.grid()
plt.show()
```

ReLUの計算はステップ関数とそっくりで、1を出力するところがその値に変わるだけです。「np.where(x>0, x, 0)」を使って関数relu_funcを作り、これも重ねて表示します。

出力結果

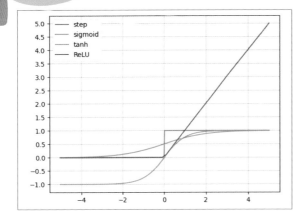

ReLU関数って、ステップ関数と学習できる関数のいいとこ取りをした関数ね。じゃあこれから全部、ReLU関数だけ使えばいいね。

便利なんだけど、すべてに当てはまるというわけでもない。データとの相性で違う関数のほうがいいこともあるし、マイナスはすべて0なのでそこが弱点でもある。だから、ReLU関数の改良型が考えられたりしてるよ。

どんどん進化するのね。

第3章
TensorFlow Playgroundで学習の動きを見よう

次は
人工ニューラル
ネットワークを
作っていくよ。

おおー！
なんか難しそう。

そう思って
プログラミングの前に、
「TensorFlow Playground
（テンソルフロー
・プレイグラウンド）」
を利用して、
実際のプログラムの
様子を
見ていくことに
するよ。

博士！
わかってるー。

しくみが目でわかると
理解に役立つからね。

うんうん。

学習していく様子を
見ていこう！

おっけい！

この章でやること

1つのニューロンで学習させる

TensorFlow Playground を 使ってみよう

データを 学習させて…

複雑なデータを学習させる

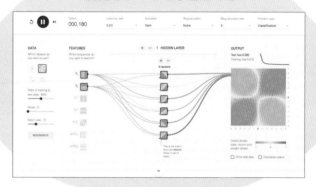

パラメータを調整する

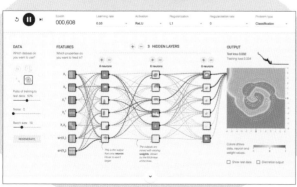

パラメータを 調整するのね

LESSON

11

TensorFlow Playground
で遊んでみよう

この章では、人工ニューラルネットワークが「どのように学習していくのか」
を視覚的に確認できる「TensorFlow Playground」を体験していきます。

フタバちゃん。パーセプトロンがどんな動きをするか、イメージできたかな。

ニューロンの真似しただけなのに不思議だよね～。

次は、その人工ニューロンをたくさんつなげて人工ニューラルネットワークを作っていくよ。でも、だんだんニューロンが増えて複雑になってくる。例えば、「学習していく様子」などはイメージしにくくなってくると思うんだ。

学習する様子って、37ページで出てきた少しずつ伸びる棒グラフみたいなのじゃないの？

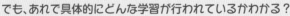

でも、あれで具体的にどんな学習が行われているかわかる？

ピンとこないね～。

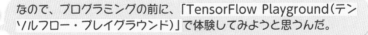

なので、プログラミングの前に、「TensorFlow Playground（テンソルフロー・プレイグラウンド）」で体験してみようと思うんだ。

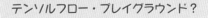

テンソルフロー・プレイグラウンド？

ネットにアクセスするだけで誰でも使える教育コンテンツで、学習していく様子が、目で見てわかるんだ。

へえ〜。面白そう〜。

　ニューラルネットワークがどのように学習していくかを、目で見て理解できるツールが
あります。それが、TensorFlow Playgroundです。Googleのダニエル・スミルコフさんと、
シャン・カーターさんによって開発された教育用コンテンツで、ブラウザさえあれば、す
ぐに利用することができます。

　ブラウザを開き、以下のアドレスにアクセスしてください。

https://playground.tensorflow.org/

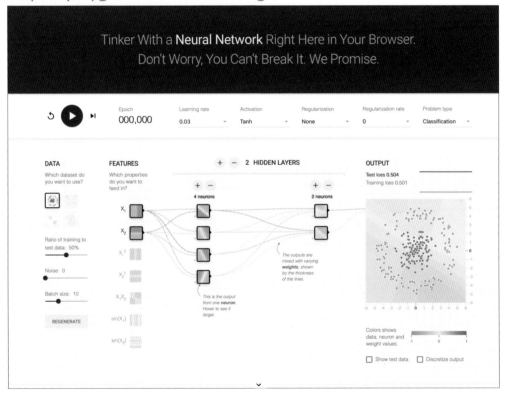

LESSON
11

　TensorFlow Playgroundは、このまま動かすことができます。基本的に左から右へいろい
ろなパラメータを操作してニューラルネットワークの学習を行っていきます。使い方を順
番に見ていきましょう。

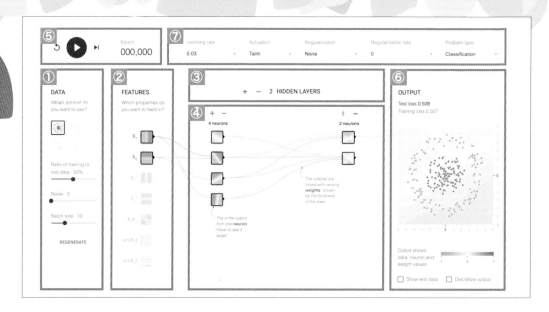

❶ DATA：データを選ぶ

　どんな学習をさせたいかを選びます。青色はプラス、オレンジ色はマイナスの値で、この「青色とオレンジ色をうまく分類する境界線を見つける」という学習を行います。

　データには「Circle（二重丸）」「Gaussian（2つの塊）」「Exclusive or（4つの塊）」「Spiral（渦巻き）」の4種類があります。

　例えば、「Gaussian（2つの塊）」を2つに分類するのは簡単そうですが、「Spiral（渦巻き）」を2つに分類するのは難しそうですね。

❷ FEATURES：入力データの特徴を選ぶ

　次に、入力するデータの「FEATURES（特徴）」を選びます。「横に分割」「縦に分割」「横一直線上に集まる」「縦一直線上に集まる」「4分割の対角線に同じデータが集まる」「縦縞模様状」「横縞模様状」の7種類のデータがあり、この中からいくつか選びます。

❸ HIDDEN LAYERS：中間層の数を決める

「HIDDEN LAYERS（隠れ層、中間層）」の数を決めます。「+」「-」ボタンで増減できて、最大6層まで増やせます。

❹ neurons：各層のニューロン数を決める

各層の「ニューロン（neurons）」の数を決めます。「+」「-」ボタンで増減できて、最大8個まで増やせます。

❺ Run/Pause：学習を開始と一時停止

[Run/Pause] ボタンをクリックすると学習を開始します。その右にある「Epoch（エポック）」が学習回数で、実行すると増えていきます。学習を一時停止したいときは、もう一度 [Run/Pause] ボタンをクリックします。学習をリセットして、最初からやり直したいときは [Reset the network] ボタンをクリックします。

LESSON
11

❻ OUTPUT：出力結果

「OUTPUT（出力）」に、学習結果が表示されます。

❼ パラメータ

活性化関数の選択など、いろいろな調整を行います。

LESSON12から16は、上記の❶～❼の番号をもとに解説します。

いろいろ試せる「遊び場」なんだね！

LESSON

12

いきなり実行してみよう

「TensorFlow Playground」のページは、すぐに動かすことができます。
まずは、いきなり実行してみましょう。

それではフタバちゃん。表示されたこのページをそのまま実行してみ
よう。❺[Run/Pause]ボタンをクリックだよ。

[Run/Pause]ボタン

[Reset the network]ボタン

あっ、❻OUTPUTのところが、色がなんかねっと動いて、青とオレ
ンジに分かれたよ。

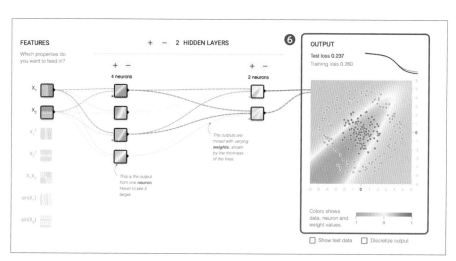

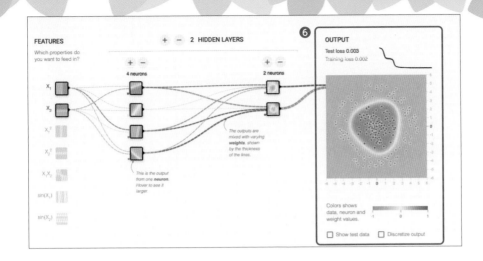

LESSON
12

点々の色に合うように、背景に色がついたね。散らばったデータをうまく分ける境界線が見つかって、分類の学習ができたということなんだ。もう学習できたなと思ったら、❺[Run/Pause]ボタンをクリックして止めよう。

一瞬で学習できるんだね。

背景の青色とオレンジ色の形が変化していったでしょう。これが、ニューラルネットワークが学習していく様子なんだ。

どう塗り分けたらいいかを悩んでる様子だったのね。

❻OUTPUTの文字のすぐ右下に曲がった線が書かれたでしょう。これは、「学習の進み具合のグラフ」なんだ。loss（誤差）がどんどん少なくなることで、学習できたとわかるんだ。

グラフでもわかるんだね。

ところで、同じ学習を何回もさせてみようと思うんだ。まず、❺[Reset the network]ボタンをクリックしてから、❺[Run/Pause]ボタンをクリックしてみて。そして、それを何回もくり返してみて。

何回も学習させるの？

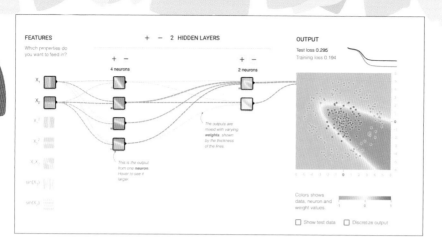

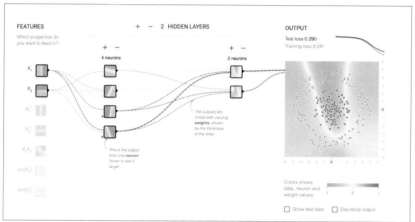

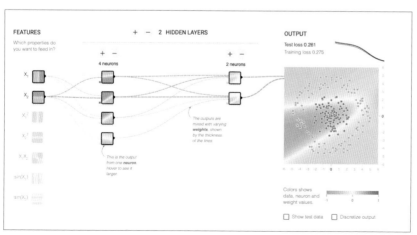

学習していく様子は毎回変わります。

あれ？　毎回くねくねの動きが変わるよ。

そうなんだ。リセットしてやり直すと、学習していく様子は毎回変わるんだよ。

どういうこと？

「学習をするときの、データのどれをどの順番で学習していくかが、毎回ランダムに変わる」からなんだ。学習中の様子は変わるけど、たくさん学習していくと、最終的にはうまく分類できるんだ。

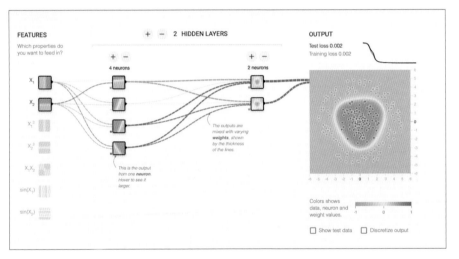

へぇ〜。ほんとに今、ニューラルくんが学習をしてるのね。

77

LESSON

13

1つのニューロンで
学習してみよう

まず、ニューロンが1つの「一番簡単な学習」を行ってみましょう。パラメータを操作したり、実行すると学習の様子が確認できます。

ではTensorFlow Playgroundを使って、「一番簡単な学習」をやってみよう。ニューロンを1つにして、学習させてみるよ。

ニューロンたった1つで？

まず、❶DATAで「Gaussian（2つの塊）」を選んでください。次に、❸HIDDEN LAYERSで「-」ボタンを1回クリックして、HIDDEN LAYERSを1層にする（表記が「HIDDEN LAYER」に変わる）。さらに、❹neuronsで「-」ボタンを3回クリックして、neuronsを1つにするよ。

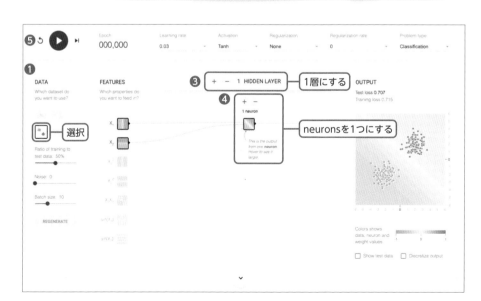

そして、❺[Run/Pause]ボタンをクリックしよう。

ポチッと。あっ、すぐ2つに分かれたよ！

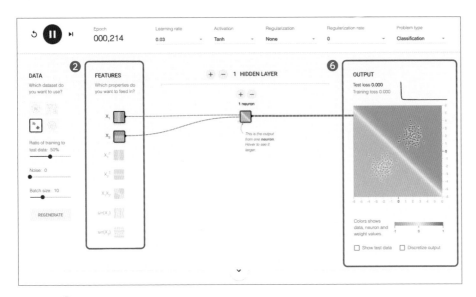

こんな簡単な分類なら、ニューロン1つでできるんだ。

でもどうして、ニューロン1つで分類ができるの？

❷FEATURESを見てみて。どうなってる？

横に分けるX_1データと、縦に分けるX_2データから線が伸びて、ニューロンにつながっているね。

この縦と横の2つのデータをうまく混ぜて、斜めの分類を作っているんだよ。で、これが❻OUTPUTに反映されて、データを分類できるんだ。

なるほどー。

79

つながってる線は太さが違うでしょ。線の太さが重みになっているんだよ。

なんか、ほんとにニューロンみたい。

この重みは、数値で見ることもできるんだ。このつながってる線をマウスでクリックしてみて。「Weight is」というダイアログが表示されるよ。

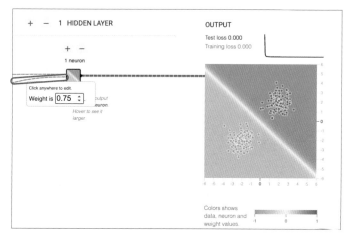

「0.75」って出た。

この値は今現在の重みで、学習すると変わっていくんだ。さらにダイアログを出した状態で上下キーを押すと、手動で増減もできるんだ。すると、線の太さも変わるし、分類の様子が変わる。マイナスにすることもできるよ。

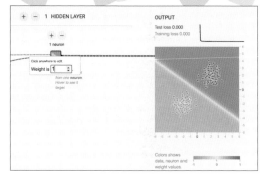

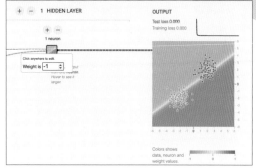

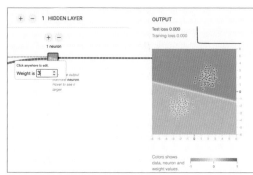

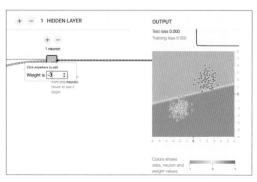

LESSON

13

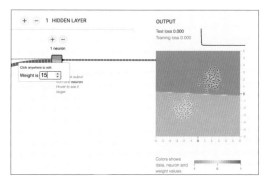

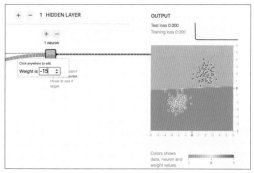

分割の境界の傾きが変わっていくね。

さらに、しきい値も見られるんだ。ニューロンの「左下にある点」をクリックすると「Bias is」というダイアログが表示される。これがしきい値だ。

81

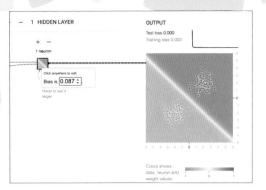

なんと。重みもしきい値も見られるのね。

しきい値も、上下キーで増減できるよ。

しきい値では、境界線の位置が移動していくんだね。

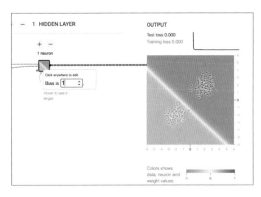

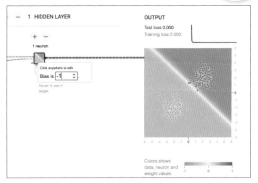

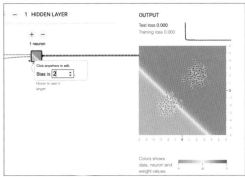

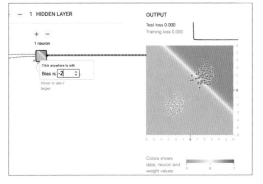

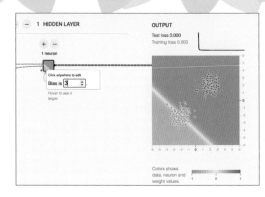

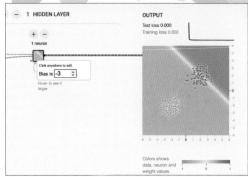

ハカセが重みやしきい値を変えて、ちょうどいいパーセプトロンを作ってたのは、こういう調整をしてたってことなのね。

そういうことだ。ここでは手動で値を決めていたけど、この重みとしきい値を自動で見つけていくというのが、ニューラルネットワークが自動で学習するということなんだ。

うわーっ。「自動で学習する」ってこういうことだったのね。

でも、この値をすぐに見つけられるとは限らない。何百回も何千回も調整をくり返さないと見つからないこともあるんだ。

わたしには無理だけど、コンピュータならくり返しは得意だからできそうね。

この調整もランダムに変更するんじゃないよ。毎回正解との誤差を比較して、誤差が少なくなる方向に調整していくんだ。

だから、だんだんきれいに色分けができてくるのね。

LESSON

14

二重丸データを
学習してみよう

次は少しだけ複雑な学習を行ってみましょう。先ほどの単純なしくみだけ
ではうまく学習できないので、パラメータを修正します。

では次は、データを少しだけ複雑にしてみよう。ニューロンは1つの
ままで「二重丸のデータ」を学習させてみるよ。

お。なんか違うことをするのね。

では、❶DATAで「Circle（二重丸）」を選択して、❺[Run/Pause] ボ
タンをクリックしましょう。

おや？　ぜんぜん分類できないよ。

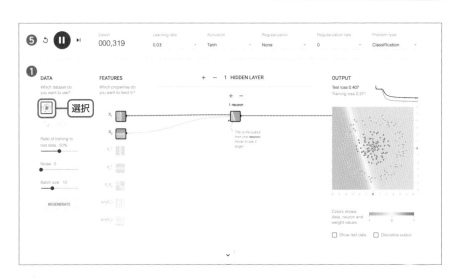

じゃあ、❺[Reset the network]ボタンをクリックして、❺[Run/Pause]ボタンをクリックしてみて。

ハカセ。なんどやっても、分類できないよ。

やはりニューロン1つでは難しそうだね。❹neuronsで「+」ボタンを1回クリックして、neuronsを2つに増やして、❺[Run/Pause]ボタンをクリックしてみて。

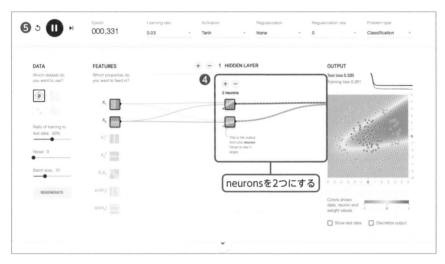

neuronsを2つにする

う〜ん。なんだかうまくいかないね。

尖った境界線になってるよね。これはどういうことだろう？

1つのときより、がんばってる感じはするんだけどね。

中間層を見ると、傾きの違う境界線が2つできてるよね。この2つを組み合わせることで、尖った境界線ができているんだ。

じゃあ、ニューロンをもっと増やしたらいいのかな？

やってみよう。❹neuronsで「+」ボタンをさらに1回クリックして、3つにして、❺[Run/Pause]ボタンをクリックだ。

おー。分類できた！　三角形だね。

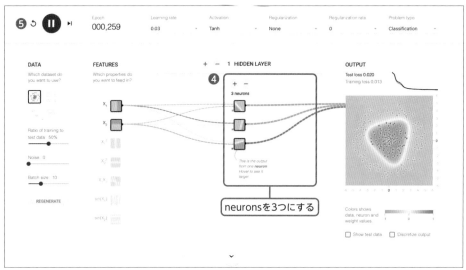

neuronsを3つにする

中間層を見ると、境界線が3つできてるよね。この3つを組み合わせることで、三角形っぽい境界線ができたんだ。

なるほど。最初に縦と横の境界線から、斜めの境界線が3つできて、それを組み合わせると三角形ができるんだね。

そうなんだ。1つのニューロンでは直線の（線形の）境界線しか作れないんだけど、ニューロンの数を増やすことで、直線ではない（非線形の）境界線を作り出すことができるんだ。

なるほどねー。

じゃあ次は、もう少し複雑なデータにしてみよう。「4つの塊」を学習させてみるよ。❶DATAで「Exclusive or（4つの塊）」を選択して、❺[Reset the network]ボタンをクリックしよう。

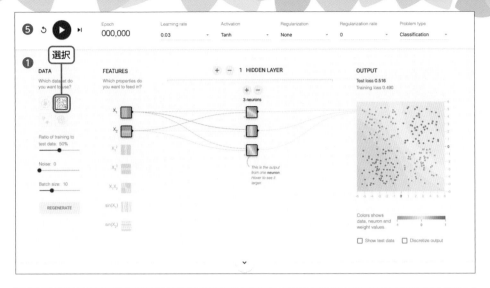

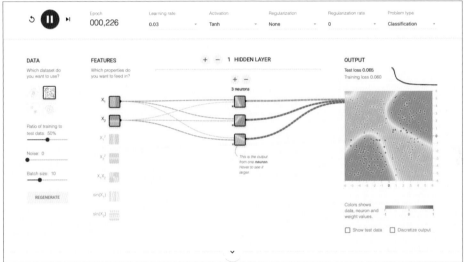

LESSON
14

がんばってる感じはするけど、ニューロン3つだと難しそうだね。

なので、さらにニューロンを増やすよ。❹neuronsで「＋」ボタンを
クリックして、6つに増やして、❺[Run/Pause] ボタンをクリック
してみよう。

今度はきれいに分類できたね。

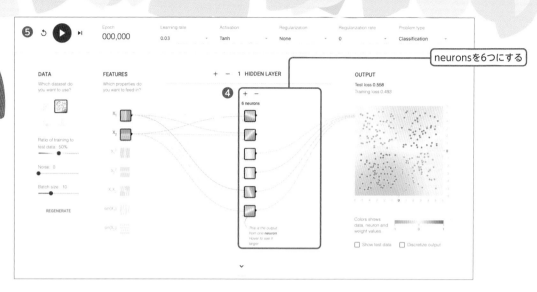

neuronsを6つにする

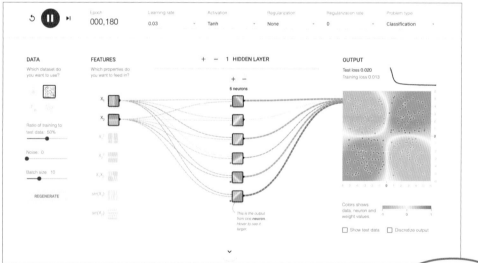

きれいに
分かれたね

渦巻きデータを
学習してみよう

次はもっと複雑な学習を行ってみましょう。今度はもっとパラメータを修正しないとうまく学習できません。

それでは、もっと複雑なデータにしてみるよ。「渦巻きデータ」の学習だ。今度はこれまでみたいにはいかないよ。

そっか。渦巻きを2つに分けるのって難しそうだね。

では、❶DATAで「Spiral（渦巻き）」を選択して、❺[Run/Pause]ボタンをクリックしよう。

うーん。ニューロンが6つあるけど、うまく分類できないね。かなり悩んでるみたいだね。

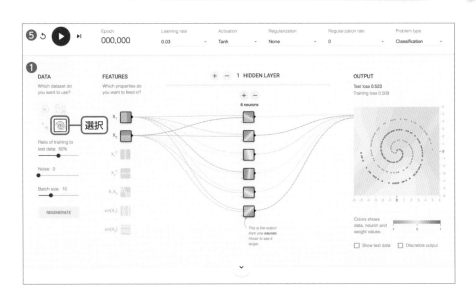

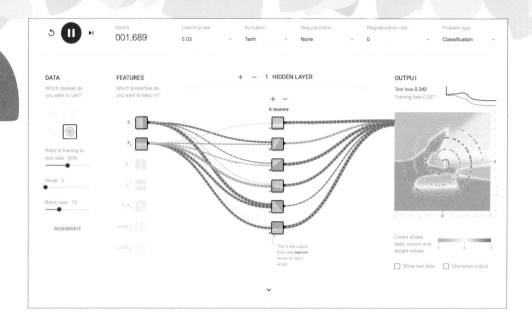

そこで今度は「層」を増やしてみるよ。例えば、HIDDEN LAYERS
を3層にしてみよう。❸HIDDEN LAYERSで「+」ボタンを2回クリッ
クして、HIDDEN LAYERSを3層にして、追加した層をそれぞれ、❹
neuronsで「+」ボタンを4回クリックして、neuronsを6つにするよ。

だんだんすごくなってきたよ。

そして、❺[Run/Pause] ボタンをクリックする。

分類がガクガク変化してがんばっている感じがするね。けっこう時間
がかかるけど、しばらく待っていると分類できてきたよ。青とオレン
ジが渦を巻いている！

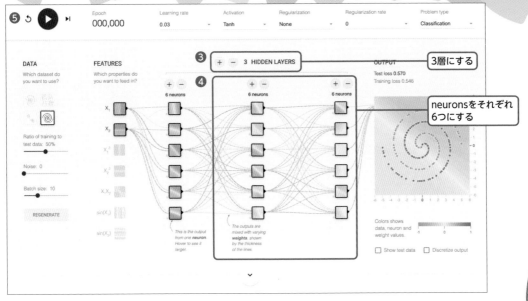

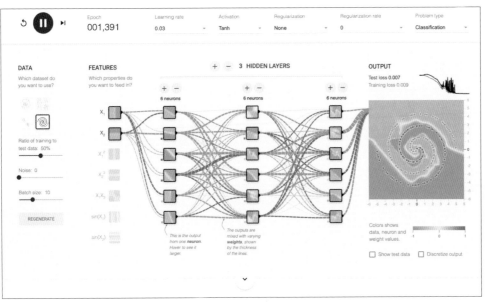

LESSON
15

中間層を見てみよう。1層目は、いろいろな角度で直線に分類されているけど、2層目は少し複雑になって、3層目はさらに複雑になってるのがわかるかな。

ほんとだ。3層目は、なんか渦を巻いてるのもあるよ。

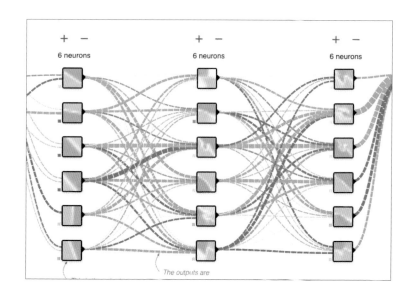

ニューロンをただ増やしても層が1つだけでは「直線の境界線の組み合わせ」なので、渦巻きの境界線を作るのは難しかったんだけど、層を増やすと「複雑な境界線の組み合わせ」ができて、より複雑な境界線を作り出すことができるようになるんだ。

ニューロンの層を増やすだけで複雑な分類ができるなんて、面白いねー。

パラメータを調整してみよう

パラメータはもっと調整できます。ガクガクした学習も、パラメータを変更したり、増やしたりすると滑らかに学習できるようになります。

さっきのは、学習に時間がかかったり、❻OUTPUTのグラフを見るとガクガクしていたりして学習が大変そうな感じがしたよね。そこで、もう少し安定した学習をさせてみよう。

そんなことができるの？

まず、❼左「Activation（活性化）」をクリックして「Tanh（ハイパボリックタンジェント）」から、高速な学習がしやすい「ReLU（レルー）」に切り換えるよ。また、過学習（学習しすぎたための偏り）を防ぐため、❼右「Regularization（正則化）」を「None」から「L1」に切り換えて偏りを減らすようにする。そして、❺[Run/Pause]ボタンをクリックしてみよう。

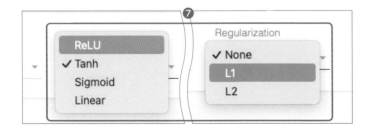

また時間がかかるけど、今度はより学習しやすい感じがするよ。そして、なんかさっきよりいい感じの分類ができてきた。

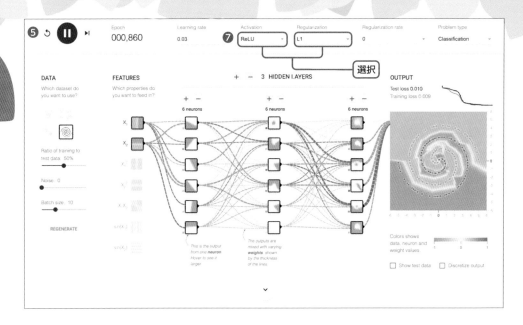

さらに、入力データも増やすよ。これまで与えていた特徴量は、「横分割」「縦分割」だったけど、これを増やす。そして、❷FEATURESを全部オンにして、❺[Run/Pause]ボタンをクリックしよう。

さっきより少し速くきれいな境界線ができてきた。試しにリセットしてやり直しても、やっぱり分類しやすい感じがするよ。

1層目から複雑な分割ができるようになり、より複雑な境界線ができやすくなったからね。

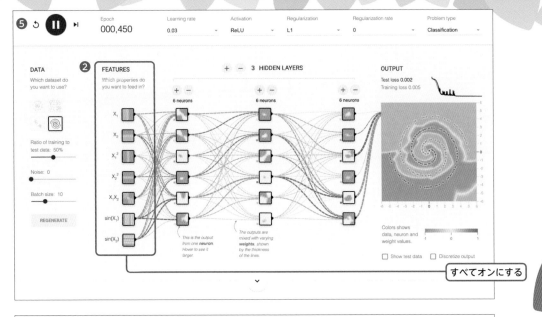

⑤

Epoch 000,450 | Learning rate 0.03 | Activation ReLU | Regularization L1 | Regularization rate 0 | Problem type Classification

DATA
Which dataset do you want to use?

Ratio of training to test data: 50%

Noise: 0

Batch size: 10

REGENERATE

FEATURES
Which properties do you want to feed in?

X_1
X_2
X_1^2
X_2^2
X_1X_2
$\sin(X_1)$
$\sin(X_2)$

This is the output from one **neuron**. Hover to see it larger.

+ − 3 HIDDEN LAYERS

6 neurons 6 neurons 6 neurons

The outputs are mixed with varying **weights**, shown by the thickness of the lines.

OUTPUT
Test loss 0.002
Training loss 0.005

Colors shows data, neuron and weight values.

☐ Show test data   ☐ Discretize output

すべてオンにする

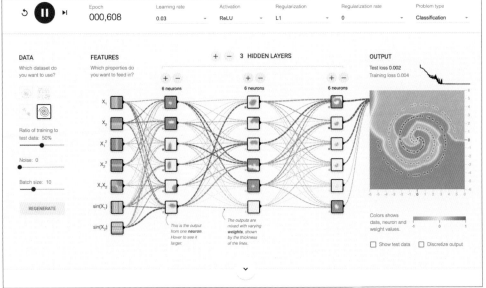

Epoch 000,608 | Learning rate 0.03 | Activation ReLU | Regularization L1 | Regularization rate 0 | Problem type Classification

DATA
Which dataset do you want to use?

Ratio of training to test data: 50%

Noise: 0

Batch size: 10

REGENERATE

FEATURES
Which properties do you want to feed in?

X_1
X_2
X_1^2
X_2^2
X_1X_2
$\sin(X_1)$
$\sin(X_2)$

This is the output from one **neuron**. Hover to see it larger.

+ − 3 HIDDEN LAYERS

6 neurons 6 neurons 6 neurons

The outputs are mixed with varying **weights**, shown by the thickness of the lines.

OUTPUT
Test loss 0.002
Training loss 0.004

Colors shows data, neuron and weight values.

☐ Show test data   ☐ Discretize output

このように、ニューラルネットワークの学習は、ニューロンを増やしたり、層を増やしたり、いろいろな調整をすることでより複雑な分類ができるようになっていくんだ。

楽しいね。もっと層を増やしたりしてもいい？

いいよ。増やしたり減らしたり、いろいろ試してみよう。でも、データや条件によってうまくいったりいかなかったりするので、試行錯誤が必要だね。

奥が深いのね。

まあ、これは教育用のお試しなので、最大6層までしかないんだけど、実用的なものを作るには何十層も必要になったりするよ。

そうなのかー。

ただし、ニューロンや層を増やすということは計算量が増えるので、高速なコンピュータが必要になったり、速い計算をするために、汎用的な処理が得意なCPUではなく、並列計算に優れたGPU（もともと画像処理用に作られたプロセッサ）が必要になったりするんだ。

なんだか、コンピュータの限界に挑戦してる感じね。

それにこのTensorFlow Playgroundは、「ニューラルネットワークの学習の様子をざっくりと見るためのもの」なので、わざとわかりやすいデータになっているけど、現実のデータはもっと奥が深いよ。

第4章
ニューラルネットワークで いろいろ作ろう

この章でやること

ニューラルネットワークに XOR を学習させる

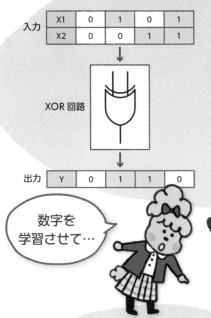

入力

X1	0	1	0	1
X2	0	0	1	1

XOR 回路

出力

Y	0	1	1	0

入力

X1	0	1	0	1
X2	0	0	1	1

ニューラルネットワーク
モデル

出力

Y	0	1	1	0

実際に
学習させて
いくよ

数字を
学習させて…

じゃんけんを学習させる

入力　自分の手　　相手の手
（グー / チョキ / パー）　（グー / チョキ / パー）

ニューラルネットワーク
モデル

出力　分類
（あいこ / 勝ち / 負け）

じゃんけんを
学習させて…

数字の画像を学習させる

ファッションの画像を学習させる

ファッションも
学習！

LESSON
17

ニューラルネットワークでXORの学習

では、実際にニューラルネットワークをプログラミングしていきましょう。
Kerasというライブラリを使うとシンプルに作れます。

ではいよいよ、ニューラルネットワークをプログラミングしていこう！ ニューラルネットワークのライブラリでは、Googleの開発した「TensorFlow（テンソルフロー）」が有名だよ。

テンソルフロー？ さっき使ってたのも、TensorFlow Playgroundだったよね。

そうなんだ。さっきはそれの「教育用コンテンツ」を試していたんだ。TensorFlowライブラリは少しだけ複雑なので、もっとシンプルにして初心者にも使いやすくした「Keras（ケラス）」というライブラリがある。これを使って作っていくよ。

わかりやすいのはいいね。

これを使ってまずは、「ニューラルネットワークでXORの学習」をさせてみるよ。

第2章で作ったパーセプトロンのXORのニューラルネットワーク版だね。

　まず、Googleドライブで、Google Colabのノートブックを作り、❶ファイル名を「DLtest4-01.ipynb」に変更しましょう。
（ファイル名にハイフン「-」がついている場合、Google Colab のファイルメニュー「ダウンロード」からファイルをダウンロードするとハイフンがアンダースコアに変わります。）

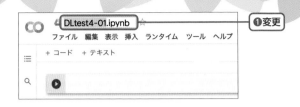

①変更

本書では複数のライブラリを使います。Keras（ケラス）、NumPy（ナンパイ）、Matplotlib（マットプロットリブ）、japanize-Matplotlib（ジャパナイズ・マットプロットリブ）、scikit-learn（サイキットラーン）などです。

ライブラリ名	内容
Keras	Googleが開発した深層学習フレームワークのTensorFlowを、初心者にも使いやすくしたライブラリ
NumPy	大規模な数値計算が得意なライブラリ
Matplotlib	グラフを作成するライブラリ
japanize-Matplotlib	Matplotlibで日本語を使えるようにするライブラリ
scikit-learn	機械学習をやさしくまなべるライブラリ

LESSON
17

これらのライブラリのうち、Keras、NumPy、Matplotlib、scikit-learnは、すでにGoogle Corabにインストール済みなのですぐに使えますが、japanize-Matplotlibはインストールされていません。そこで、以下の命令を実行して、ノートブックにライブラリをインストールして使います。

```
!pip install japanize-matplotlib
```

※Google Colabには「90分ルール」があるので、なにも実行せずに90分間放置してしまうと、そのページの実行結果はリセットされます。そのようなときに、ページの途中から続きを実行するときはノートブックを最初から実行し直してください（Chapter1の35ページ参照）。

 ## データの準備と確認

 最初に、使うライブラリのインストールやインポートを行っておくよ。リスト4-1のプログラムを入力して実行しよう。

使うライブラリをまとめて読み込んでおくのね。

この「リスト4-1：（リストA）」は、今後も使うことになるよ。必要になったときは、このプログラムをコピーして使おう。

【入力プログラム】リスト4-1：（リストA）

```
!pip install japanize-matplotlib
import japanize_matplotlib
import matplotlib.pyplot as plt
import numpy as np
import keras
from keras import layers
```

出力結果

```
Looking in indexes: https://pypi.org/simple, https://us-↵
python.pkg.dev/colab-wheels/public/simple/
Collecting japanize-matplotlib
  Downloading japanize-matplotlib-1.1.3.tar.gz (4.1 MB)

──────── 4.1/4.1 MB 30.1 MB/s eta 0:00:00       ↵
（略）
Successfully built japanize-matplotlib
Installing collected packages: japanize-matplotlib
Successfully installed japanize-matplotlib-1.1.3
```

それでは、XOR回路のしくみをPythonで作ってみよう。XOR回路というのは、次ページの図のように「入力は2つです。2つの入力が違っていたら1を出力して、同じだったら0を出力します。」という回路だったよね。これと同じ結果になるニューラルネットワークを作ろうというわけだ。

同じ入力をすると、同じ結果になるしくみを作るのね。

これを「分類するニューラルネットワーク」で作るよ。

分類なの？

分類は、最終的に「どの分類なのかを番号で出力する」ということをする。だから、結果が0/1のような数値を求めたいときは、番号をそのまま数値として使えばいいんだ。

なるほど。

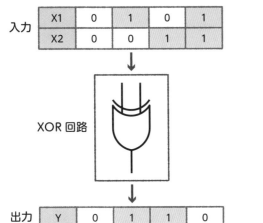

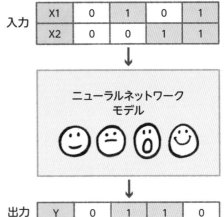

LESSON
17

それじゃあ、XORの学習データとテストデータを作るよ（リスト4-2）。

【入力プログラム】リスト4-2

```
input_data = [[0, 0], [1, 0], [0, 1], [1, 1]]
xor_data = [0, 1, 1, 0]
x_train = x_test = np.array(input_data)
y_train = y_test = np.array(xor_data)

print("学習データ（問題）:")
print(x_train)
print(f"学習データ（答え）:{y_train}")
```

入力データは、「0, 0」「1, 0」「0, 1」「1, 1」の4つで、その結果は「0, 1, 1, 0」の4つです。それぞれを、input_data、xor_data変数に入れておきます。

Kerasで使うためには、リストをNumPyライブラリ用のNumPy配列に変換する必要があるので、「np.array(リスト)」命令で変換します。入力データが4つと少ないので、学習デー

タ用変数（x_train、y_train）と、テストデータ用変数（x_test、y_test）にそれぞれ同じものを入れます。

出力結果

```
学習データ（問題）:
[[0 0]
 [1 0]
 [0 1]
 [1 1]]
学習データ（答え）: [0 1 1 0]
```

 ## モデルを作って学習

 次は、モデルを作るよ。ニューラルネットワークでは、「ニューロンがたくさん並んだ層」を積み重ねて作っていく。Kerasライブラリを使うと、それを直感的に作れるんだ。

直感的なのはうれしいな。

 まず、「model = keras.models.Sequential()」でモデルの入れ物を作り、そこに必要な層を「model.add(層)」で追加していくんだ。

層を足していくのか〜。

 例えば、「3つのニューロンでできた層（活性化関数はReLU、入力が2つの層付き）」を作るなら次のように書くよ。

```
model = keras.models.Sequential()
model.add(layers.Dense(3, activation="relu", input_dim=2))
```

「layers.Dense(ニューロン数, 活性化関数)」というのは「全結合層」といって、次の層にあるすべてのニューロンと結合する層のことだ。この例では、ニューロンの数を「3」にして、使う活性化関数を「relu（ReLU関数）」に設定している。さらに最初の層なので、「input_dim = 2」で、全結合層の前に入力層も作っている。2つの入力がある入力層だ。次の図のようなニューラルネットワークができるよ。

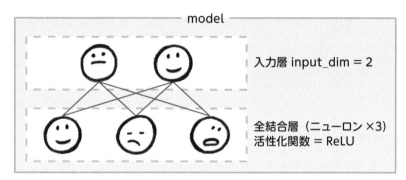

入力層 input_dim = 2

全結合層（ニューロン ×3）
活性化関数 = ReLU

全結合層って、次のすべてのニューロンとつながるのね。

そしてこの線1本1本に、違う重みがついているんだよ。学習でこれを調整していくんだ。

すご〜い。

線はもっともっと多くなるよ。実際にモデルを作ってみよう。今回は、「入力層」と「ニューロンの数が8個の中間層」を2層と「出力層」で作るよ。入力層は、入力が2つだから2つ。出力層は、0と1の2種類の結果だから2つだ。

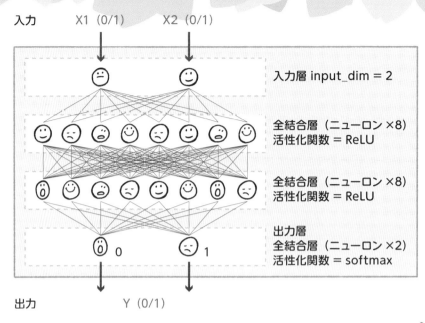

入力　X1（0/1）　　X2（0/1）

入力層 input_dim = 2

全結合層（ニューロン ×8）
活性化関数 = ReLU

全結合層（ニューロン ×8）
活性化関数 = ReLU

出力層
全結合層（ニューロン ×2）
活性化関数 = softmax

0　　　　　　1

出力　　　　　Y（0/1）

線がいっぱいだ！

これをプログラムにすると、リスト4-3のようになるよ。入力層は、最初の全結合層とまとめて書いて「model.add()」を3行でできる。最後に「model.summary()」でモデルの情報を表示させるよ。

【入力プログラム】リスト4-3

```
model = keras.models.Sequential()
model.add(layers.Dense(8, activation="relu", input_dim=2))
model.add(layers.Dense(8, activation="relu"))
model.add(layers.Dense(2, activation="softmax"))
model.summary()
```

　出力層の活性化関数（activation）では、「softmax」を使っています。出力の値を確率に変換するためです。一般的に2つの分類にはsigmoidが使われることが多いですが、本書ではこのあとの複数の分類にそろえてsoftmaxを使っています。

出力結果

```
Model: "sequential"

Layer (type)                 Output Shape              Param #
=================================================================
dense    (Dense)             (None, 8)                 24
dense_1 (Dense)              (None, 8)                 72
dense_2 (Dense)              (None, 2)                 18

=================================================================
Total params: 114
Trainable params: 114
Non-trainable params: 0
```

作った層の情報が出たね。3つの全結合層（Dense）でできてて、パラメータの合計（Total params）は114個もあるんだ。

114個？　どうしてそんな多いの！

各層のパラメータ数（Param）を見てみよう。1層目は24個だ。

1層目のニューロンは8個なのに？

「重み」は線につくから1層目につながる線の数を数えると16本、「しきい値」はニューロンにつくからニューロンは8個。合計で24個だ。

なるほど。

同じように、2層目は1層目の8個のニューロンからつながる線が64本なので重みが64個、しきい値が8個で合計72個。3層目の出力層は重み16個としきい値2個で18個。合計で114個だね。

ひゃ〜。こりゃ複雑だ。

モデルができたので、学習の実行だ。リスト4-4のプログラムを入力して実行しよう。

これで、勝手に学習してくれるんだね。

この「リスト4-4：（リストB）」も、今後、少し修正して使うことになるよ。

【入力プログラム】リスト4-4：（リストB）

```python
model.compile(optimizer="adam",
              loss="sparse_categorical_crossentropy",
              metrics=["accuracy"])
history = model.fit(x_train, y_train, epochs=500,
                    validation_data=(x_test, y_test))
test_loss, test_acc =model.evaluate(x_test, y_test)
print(f"テストデータの正解率は{test_acc:.2%}です。")
```

　ニューラルネットワークで学習するときは、まずどんな方式で学習するかを決めます。それを行うのが「model.compile()」で、今回は最適化アルゴリズム（optimizer）にadamを指定しています。そして、「model.fit()」で学習を実行。学習データ（x_train, y_train）を渡して、学習回数（epochs）は500回、その学習の評価はテストデータ（x_test, y_test）で行います（本格的にするなら、テストとは別の評価用データを用意します）。学習中の様子は、あとで使うのでhistory変数に入れて記録しておきます。

　「モデルの評価」を「model.evaluate()」で行い、最終的な正解率を表示します。

出力結果

```
Epoch 1/500
1/1 [==============================] - 2s 2s/step - loss: ↵
0.7125 - accuracy: 0.7500 - val_loss: 0.7113 - val_accuracy: ↵
(略)
Epoch 499/500
1/1 [==============================] - 0s 46ms/step - loss: ↵
0.0776 - accuracy: 1.0000 - val_loss: 0.0771 - val_accuracy: ↵
1.0000
Epoch 500/500
1/1 [==============================] - 0s 66ms/step - loss: ↵
0.0771 - accuracy: 1.0000 - val_loss: 0.0767 - val_accuracy: ↵
1.0000
1/1 [==============================] - 0s 26ms/step - loss: ↵
0.0767 - accuracy: 1.0000
テストデータの正解率は100.00%です。
```

（これは結果の例です。値は学習のたびに少し変わります。）

わわわ。学習の棒グラフがたくさん出てきたよ。

学習回数 (epochs) を500回にしているから、500回学習が行われるよ。でも1回の学習はすぐに終わるよ。

おお。最後に正解率100%になったよ。

場合によっては100%にならないこともある。そんなときは、モデルを作る「リスト4-3」から実行し直してみてね。次はこの学習の様子をグラフ化だ。

グラフ化？

学習の様子はすでにhistory変数に記録されている。なので、これをグラフ化して、どのように学習が進んでいったかを可視化できるんだ（リスト4-5）。この「リスト4-5：（リストC）」も、今後、使うことになるよ。それでは、グラフ化してみよう。

LESSON
17

【入力プログラム】リスト4-5：（リストC）

```python
param = [["正解率", "accuracy", "val_accuracy"],
         ["誤差", "loss", "val_loss"]]
plt.figure(figsize=(10,4))
for i in range(2):
    plt.subplot(1, 2, i+1)
    plt.title(param[i][0])
    plt.plot(history.history[param[i][1]], "o-")
    plt.plot(history.history[param[i][2]], "o-")
    plt.xlabel("学習回数")
    plt.legend(["訓練","テスト"], loc="best")
    if i==0:
        plt.ylim([0,1])
plt.show()
```

出力結果

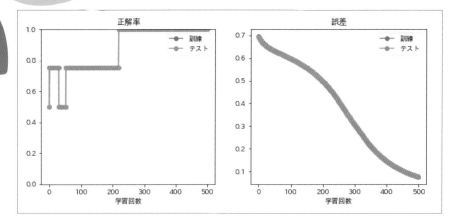

「正解率」と「誤差」ってグラフが出たよ。正解率が上がって、誤差が
小さくなって、だんだんかしこくなるのがわかるね。

 データを渡して予測

 TensorFlow Playgroundでやったように、この学習していく様子
や学習結果は、学習するたびに毎回少し変わるよ。では、学習できたの
で、テストデータ（問題）を渡して答えを予測させよう（リスト4-6）。

 いよいよ最終テストね。

【入力プログラム】リスト4-6

```
pre = model.predict(x_test)
print(pre)
```

学習できたモデルに、データを渡して予測するには「pre = model.predict(x_test)」で行
います。

出力結果

```
1/1 [==============================] - 0s 65ms/step
[[0.8333205  0.16667952]
 [0.06525915 0.9347408 ]
 [0.01843667 0.9815633 ]
 [0.9623079  0.03769218]]
```

（これは結果の例です。値は学習のたびに少し変わります。）

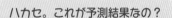

ハカセ。これが予測結果なの？

これが4つの答えなんだ。例えば1行目の[0.8333205 0.16667952]は、『「0」である確率が約83%、「1」である確率が約17%です。』といっている。つまり「0の確率が高い」ということだ。

それぞれの確率を答えてくれるのか。でも、これだとわかりにくいね。

17

そこで「配列の最大値は何番目か」を求める「np.argmax(NumPy配列)」命令を使おう（リスト4-7）。これで「一番高い確率の番号」がわかる。さらにわかりやすくするために、f文字列で入力と出力を並べて表示するよ。

【入力プログラム】リスト4-7

```
for i in range(4):
    index = np.argmax(pre[i])
    print(f"入力は{x_test[i]}、出力は{index}")
```

「index = np.argmax(pre[i])」で、「一番高い確率の番号」をindex変数に求めることができます。

出力結果

```
入力は[0 0]、出力は0
入力は[1 0]、出力は1
入力は[0 1]、出力は1
入力は[1 1]、出力は0
```

どうかな。XORの結果と同じ「0、1、1、0」が出たね。XORのデータを渡して、500回くり返し学習しただけで、モデルが「自分で答えを出せる法則」を見つけたんだよ。

たしかに、そう考えると不思議ね〜。

入力	X1	0	1	0	1
	X2	0	0	1	1

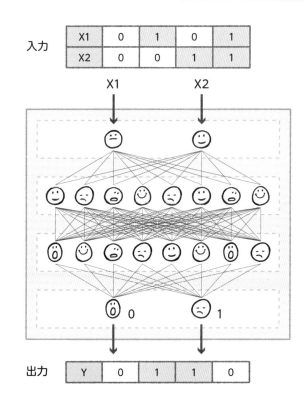

出力	Y	0	1	1	0

じゃんけん判定の学習

XORのニューラルネットワークを少し修正するだけで、「じゃんけん判定の学習」をさせることができます。試してみましょう。

次は、今のXORを少し修正して、「じゃんけん判定の学習」をさせてみるよ。

XORとじゃんけん？　ぜんぜん違うよ？

でも、XORは「入力が2つで、出力が1つ」だよね。じゃんけんは「自分の手」と「相手の手」で勝負をするから「入力は2つ」で、勝敗結果としての「出力は1つ」。入出力の数は同じでしょ。

そういう目線で見ると似てるのか。

グー／チョキ／パーを0/1/2に、あいこ／勝ち／負けを0/1/2と数値に置き換えれば、ほぼ同じように扱えるんだ。

なるほど。

自分の手	相手の手		勝敗
グー(0)	グー(0)		あいこ(0)
グー(0)	チョキ(1)		勝ち(1)
グー(0)	パー(2)		負け(2)
チョキ(1)	グー(0)		負け(2)
チョキ(1)	チョキ(1)		あいこ(0)
チョキ(1)	パ(2)		勝ち(1)
パー(2)	グー(0)		勝ち(1)
パー(2)	チョキ(1)		負け(2)
パー(2)	パー(2)		あいこ(0)

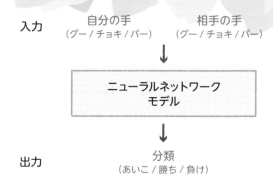

入力　　自分の手　　　　　相手の手
　　　（グー / チョキ / パー）　（グー / チョキ / パー）

ニューラルネットワーク
モデル

出力　　　分類
　　　（あいこ / 勝ち / 負け）

では「じゃんけん判定の学習」を作っていくよ。

　Googleドライブで、Google Colabのノートブックを新しく作り、❶ファイル名を
「DLtest4-02.ipynb」に変更しましょう。

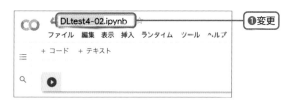

DLtest4-02.ipynb　　　　　　　　　❶変更
ファイル　編集　表示　挿入　ランタイム　ツール　ヘルプ
＋ コード　＋ テキスト

 データの準備と確認

まずライブラリのインポートだ。「リスト4-1：（リストA）」をコピー
して使おう（リスト4-8）。

【入力プログラム】リスト4-8：（リストA）

```
!pip install japanize-matplotlib
import japanize_matplotlib
import matplotlib.pyplot as plt
import numpy as np
import keras
from keras import layers
```

そして、データの準備だ。「0、1、2」の数字でじゃんけん判定のデータを用意するよ（リスト4-9）。

【入力プログラム】リスト4-9

```
hand_name = ["グー", "チョキ", "パー"]
judge_name = ["あいこ", "勝ち", "負け"]

hand_data = [[0, 0], [0, 1], [0, 2], [1, 0], [1, 1], [1, 2], ↵
[2, 0], [2, 1], [2, 2]]
judge_data = [0, 1, 2, 2, 0, 1, 1, 2, 0]

x_train = x_test = np.array(hand_data)
y_train = y_test = np.array(judge_data)

print("学習データ（問題）:")
print(x_train)
print(f"学習データ（答え）:{y_train}")
```

LESSON
18

　グー/チョキ/パーが0/1/2に、あいこ/勝ち/負けが0/1/2に対応することがわかるように、リストで文字列データを用意します。
　じゃんけんの手のすべての組み合わせをhand_data変数に、その組み合わせでの結果をjudge_data変数に用意します。それを、NumPy配列に変換して表示します。

出力結果

```
学習データ（問題）:
[[0 0]
 [0 1]
 [0 2]
 [1 0]
 [1 1]
 [1 2]
 [2 0]
 [2 1]
 [2 2]]
学習データ（答え）:[0 1 2 2 0 1 1 2 0]
```

モデルを作って学習

そしてモデルを作ろう。XORのモデルを参考にするよ。

どんどんできていくね。

入力は2つなので、最初の層の「input_dim = 2」はそのままだ（リスト4-10）。でも、出力は0/1/2の3種類になったので、最後の層は「3」に変更だ。

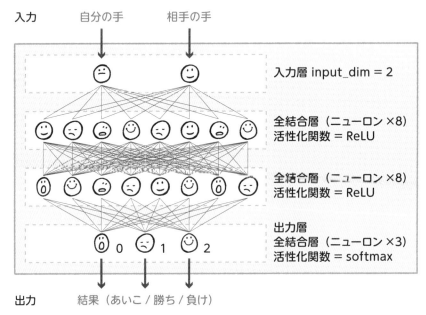

入力　自分の手　相手の手

入力層 input_dim = 2

全結合層 （ニューロン ×8）
活性化関数 = ReLU

全結合層 （ニューロン ×8）
活性化関数 = ReLU

出力層
全結合層 （ニューロン ×3）
活性化関数 = softmax

出力　結果（あいこ / 勝ち / 負け）

【入力プログラム】リスト 4-10

```
model = keras.models.Sequential()
model.add(layers.Dense(8, activation="relu", input_dim=2))
model.add(layers.Dense(8, activation="relu"))
model.add(layers.Dense(3, activation="softmax"))
model.summary()
```

出力結果

```
Model: "sequential"
_____
 Layer (type)                 Output Shape              Param #
=================================================================
 dense (Dense)                (None, 8)                 24
 dense_1 (Dense)              (None, 8)                 72
 dense_2 (Dense)              (None, 3)                 27
=================================================================
Total params: 123
Trainable params: 123
Non-trainable params: 0
_____
```

さあ、モデルができたので、学習の実行だ。「リスト4-4：（リストB）」
をコピーしよう（リスト4-11）。少し複雑なデータになったので、学
習回数を増やすよ。そうだなあ、「epochs=1000」に変更しよう。

LESSON
18

【入力プログラム】リスト4-11：（リストB'）

```python
model.compile(optimizer="adam",
              loss="sparse_categorical_crossentropy",
              metrics=["accuracy"])
history = model.fit(x_train, y_train, epochs=1000,  #1000
                    validation_data=(x_test, y_test))
test_loss, test_acc =model.evaluate(x_test, y_test)
print(f"テストデータの正解率は{test_acc:.2%}です。")
```

出力結果

```
Epoch 1/1000
1/1 [==============================] - 1s 918ms/step - loss: ↵
1.1134 - accuracy: 0.4444 - val_loss: 1.1099 - val_accuracy: ↵
0.3333
 （略）
Epoch 999/1000
1/1 [==============================] - 0s 30ms/step - loss: ↵
0.2342 - accuracy: 1.0000 - val_loss: 0.2337 - val_accuracy: ↵
1.0000
Epoch 1000/1000
1/1 [==============================] - 0s 32ms/step - loss: ↵
0.2337 - accuracy: 1.0000 - val_loss: 0.2332 - val_accuracy: ↵
1.0000
1/1 [==============================] - 0s 29ms/step - loss: ↵
0.2332 - accuracy: 1.0000
テストデータの正解率は100.00%です。
```

1000回となると、少々時間がかかるね。

1000回学習しても、もし100%にならないときは、モデルを作る「リスト4-10」から実行し直してみよう。では、「リスト4-5:（リストC）」をコピーしてグラフ化だ（リスト4-12）。

【入力プログラム】リスト4-12:（リストC）

```python
param = [["正解率", "accuracy", "val_accuracy"],
         ["誤差", "loss", "val_loss"]]
plt.figure(figsize=(10,4))
for i in range(2):
    plt.subplot(1, 2, i+1)
    plt.title(param[i][0])
    plt.plot(history.history[param[i][1]], "o-")
    plt.plot(history.history[param[i][2]], "o-")
    plt.xlabel("学習回数")
    plt.legend(["訓練","テスト"], loc="best")
    if i==0:
        plt.ylim([0,1])
```

```
plt.show()
```

出力結果

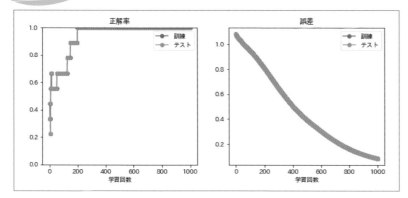

「正解率」が上がって、「誤差」が下がって、かしこくなってるね。

 データを渡して予測

 これもテストデータ（問題）を渡して答えを予測させよう（リスト 4-13）。先頭から3つの結果を見てみるよ。「グー(0)」「チョキ(1)」「パー(2)」それぞれの確率がいくつになるのか、f文字列を使って％表示してみよう。

【入力プログラム】リスト 4-13

```
pre = model.predict(x_test)
for i in range(3):
    print(f"{pre[i][0]:.0%} {pre[i][1]:.0%} {pre[i][2]:.0%}")
```

出力結果

```
1/1 [==============================] - 0s 108ms/step
90% 5% 5%
3% 87% 10%
0% 7% 93%
```

確率はわかるけど、じゃんけんの判定としては、よくわかんないよ。

では、「index = np.argmax(pre[i])」で、一番高い確率の番号を求めて、対応する文字列で表示させてみよう（リスト4-14）。

【入力プログラム】リスト4-14

```
for i in range(len(x_test)):
    hand1 = hand_name[x_test[i][0]]
    hand2 = hand_name[x_test[i][1]]
    index = np.argmax(pre[i])
    judge = judge_name[index]
    print(f"私は「{hand1}」、相手は「{hand2}」なので、{judge}")
```

出力結果

```
私は「グー」、相手は「グー」なので、あいこ
私は「グー」、相手は「チョキ」なので、勝ち
私は「グー」、相手は「パー」なので、負け
私は「チョキ」、相手は「グー」なので、負け
私は「チョキ」、相手は「チョキ」なので、あいこ
私は「チョキ」、相手は「パー」なので、勝ち
私は「パー」、相手は「グー」なので、勝ち
私は「パー」、相手は「チョキ」なので、負け
私は「パー」、相手は「パー」なので、あいこ
```

あっ、これならよくわかるよ。えーと、全部正しく判定できてます！

数字の画像（MNIST）の学習

XORやじゃんけん判定とほとんど同じ方法で「数字画像の判定」も行うことができます。どういうことでしょうか？　試してみましょう。

今度は、数字の画像を学習させよう。でも、これまでとほとんど同じ方法でできるよ。

画像なのに同じ方法でできるの？　それって『Python1年生』でもやったね。画像を渡して、それが何の数字かを答えるんだよね。

Kerasライブラリには、「MNIST（エムニスト）」という学習用の手書き数字画像が用意されている。sklearnのときより、少し大きい数字画像なので、それを使って学習させるよ。

　Googleドライブで、Google Colabのノートブックを新しく作り、❶ファイル名を「DLtest4-03.ipynb」に変更しましょう。

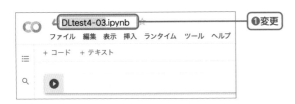

データの準備と確認

まずライブラリのインポートだ。「リスト4-1：（リストA）」をコピーして使おう（リスト4-15）。

【入力プログラム】リスト4-15：（リストA）

```
!pip install japanize-matplotlib
import japanize_matplotlib
import matplotlib.pyplot as plt
import numpy as np
import keras
from keras import layers
```

そして、データの準備だ。keras.datasetsの中に「mnist」という数字画像のデータがあるので、これを読み込むよ（リスト4-16）。画像データ（x_train, x_test）は0〜255の値なので、学習しやすいように255で割って0.0〜1.0のデータにしておく。最後に、「データ.shape」を表示して、どんなデータ形式なのかを確認しよう。

【入力プログラム】リスト4-16

```
from keras.datasets import mnist
(x_train, y_train),(x_test, y_test) = mnist.load_data()
x_train, x_test = x_train / 255.0, x_test / 255.0

print(f"学習データ（問題画像）　：{x_train.shape}")
print(f"テストデータ（問題画像）：{x_test.shape}")
```

出力結果

```
Downloading data from https://storage.googleapis.com/⏎
tensorflow/tf-keras-datasets/mnist.npz
11490434/11490434 [==============================] - 0s 0us/step
学習データ（問題画像）　：(60000, 28, 28)
テストデータ（問題画像）：(10000, 28, 28)
```

これを見ると、学習データは「28×28ドットの画像が60000枚」、テストデータは「28×28ドットの画像が10000枚」ってわかる。

6万枚と1万枚！　すごいデータ量だね。

これまでデータが少なすぎたんだ。学習するには普通はこれぐらい必要だよ。具体的にどんな画像データなのか確認しておこう。まずは、学習データ（問題と答え）を見てみよう（リスト4-17）。

【入力プログラム】リスト4-17

```python
def disp_data(xdata, ydata):
    plt.figure(figsize=(12,10))
    for i in range(20):
        plt.subplot(4,5,i+1)
        plt.xticks([])
        plt.yticks([])
        plt.imshow(xdata[i], cmap="Greys")
        plt.xlabel(ydata[i])
    plt.show()

disp_data(x_train, y_train)
```

LESSON
19

出力結果

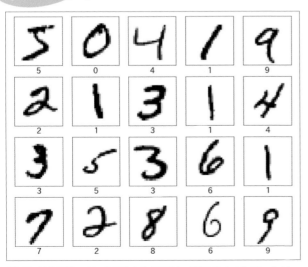

画像データがわかるね

（誌面では各画像の下の文字を大きく表示して読みやすくしています）

こんな画像データなのか。『Python1年生』でやったときより滑らかだね。

次は、テストデータ（問題と答え）を見てみよう（リスト4-18）。

【入力プログラム】リスト4-18

```
disp_data(x_test, y_test)
```

出力結果

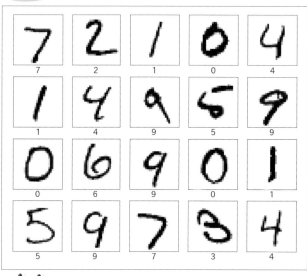

テストデータね

いろいろな手書きの数字があるね。

モデルを作って学習

ではモデルを作ろう。ただし、28×28の2次元配列データのままだと入力できないので「layers.Flatten()」を使って、1次元配列に変換してから入力する。28×28なので784個の1次元配列になるね。

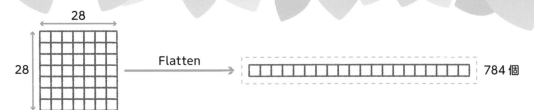

平らになったね。

次に、ニューロンが128個ある中間層を追加して、最後にニューロンが10個ある出力層を追加する。これは、最終的に「その画像が0～9の10種類のどの数字に分類されるか」という予測を行うから10個なんだ。リスト4-19のプログラムを入力して実行しよう。

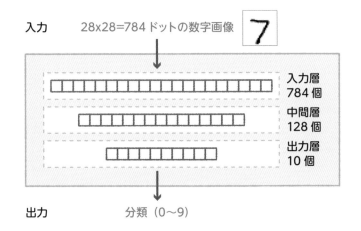

LESSON
19

【入力プログラム】リスト4-19

```python
model = keras.models.Sequential()
model.add(layers.Flatten(input_shape=(28, 28)))
model.add(layers.Dense(128, activation="relu"))
model.add(layers.Dense(10, activation="softmax"))
model.summary()
```

出力結果

```
Model: "sequential"

Layer (type)                Output Shape            Param #
=================================================================
 flatten (Flatten)          (None, 784)             0
 dense (Dense)              (None, 128)             100480
 dense_1 (Dense)            (None, 10)              1290
=================================================================
Total params: 101,770
Trainable params: 101,770
Non-trainable params: 0
```

 ニューロンの数が増えたから、パラメータの数が10万個に増えたよ。

ぎょぎょ。これはコンピュータでないと計算できないね。

 では、学習の実行だ。「リスト4-4：（リストB）」をコピーしよう（リスト4-20）。今回はデータがしっかりあるのと、ニューロンの数も多いので、学習回数は10回でいいかな。「epochs=10」に変更しよう。

【入力プログラム】リスト4-20：（リストB'）

```
model.compile(optimizer="adam",
              loss="sparse_categorical_crossentropy",
              metrics=["accuracy"])
history = model.fit(x_train, y_train, epochs=10, #10
                    validation_data=(x_test, y_test))
test_loss, test_acc =model.evaluate(x_test, y_test)
print(f"テストデータの正解率は{test_acc:.2%}です。")
```

出力結果

```
Epoch 1/10
1875/1875 [==============================] - 12s 6ms/step - ↵
loss: 0.2550 - accuracy: 0.9280 - val_loss: 0.1411 - val_ ↵
accuracy: 0.9585
 （略）
Epoch 9/10
1875/1875 [==============================] - 4s 2ms/step - ↵
loss: 0.0188 - accuracy: 0.9940 - val_loss: 0.0841 - val_ ↵
accuracy: 0.9755
Epoch 10/10
1875/1875 [==============================] - 4s 2ms/step - ↵
loss: 0.0159 - accuracy: 0.9950 - val_loss: 0.0834 - val_ ↵
accuracy: 0.9771
313/313 [==============================] - 0s 1ms/step - loss: ↵
0.0834 - accuracy: 0.9771
テストデータの正解率は97.71%です。
```

正解率97.71%だって。

いい感じだね。一般的なデータで100%は難しいから、このぐらいで
OKとしよう。そしてこれもグラフ化するよ。「リスト4-5：（リストC）」
をコピーだ（リスト4-21）。

【入力プログラム】リスト4-21：（リストC）

```python
param = [["正解率", "accuracy", "val_accuracy"],
         ["誤差", "loss", "val_loss"]]
plt.figure(figsize=(10,4))
for i in range(2):
    plt.subplot(1, 2, i+1)
    plt.title(param[i][0])
    plt.plot(history.history[param[i][1]], "o-")
    plt.plot(history.history[param[i][2]], "o-")
    plt.xlabel("学習回数")
    plt.legend(["訓練","テスト"], loc="best")
    if i==0:
        plt.ylim([0,1])
```

出力結果

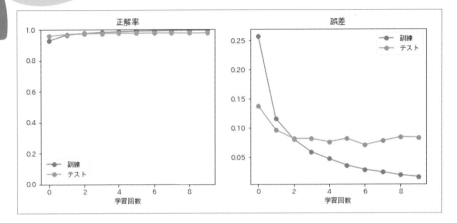

ハカセ。ところでこのグラフ、どう見ればいいの？

「正解率のグラフ」は、「問題に答えて、どれだけ正解したか」を表している。この場合、最初からすぐに高い正解率になったのがわかるね。青色が学習データでの正解率で、オレンジ色がテストデータでの正解率だ。

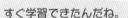
すぐ学習できたんだね。

「誤差のグラフ」は、「間違えたとき、大きく間違えたか、小さく間違えたか」を表している。青色の学習データを見ると、間違えたときの誤差がどんどん小さくなっている。

問題集をどんどん間違えなくなっていくね。

オレンジ色のテストデータを見ると、誤差が少し減るけど、途中からなかなか減らなくなってる。問題集の問題はうまく解けるようになったけれど、テストではうまく解けないことがあるってことだ。

でも、正解率は97点も取ってるからすごいよ。

データを渡して予測

では、これもテストデータ（問題）を渡して答えを予測させよう（リスト4-22）。仮に「0番」のデータがどんな数字なのかを予測してみよう。その画像も一緒に表示させるよ

【入力プログラム】リスト4-22

```python
pre = model.predict(x_test)

i = 0
plt.imshow(x_test[i], cmap="Greys")
plt.show()

index = np.argmax(pre[i])
pct = pre[i][index]
print(f"この画像は「{index}」です。 ({pct:.2%})")
print(f"正解は「{y_test[i]}」です。")
```

予測結果（pre）には、「どのくらいの確率でその数字と思ったか」が入っているので、それも一緒に表示させます。

出力結果

```
313/313 [==============================] - 1s 1ms/step
```

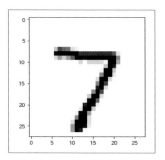

```
この画像は「7」です。 (100.00%)
正解は「7」です。
```

129

ちゃんと「7」って正解できた。第1章でやったのってこれだったのね。

もっとたくさん調べてみよう。画像を並べて、その下に「その数字の予測」と「確率」を表示してみるよ。そして、もし間違えたときは、正解を表示させるようにした。それがリスト4-23のプログラムだ。

【入力プログラム】リスト4-23

```python
plt.figure(figsize=(12,10))
for i in range(20):
    plt.subplot(4,5,i+1)
    plt.xticks([])
    plt.yticks([])
    plt.imshow(x_test[i], cmap="Greys")

    index = np.argmax(pre[i])
    pct = pre[i][index]
    ans = ""
    if index != y_test[i]:
        ans = "x--o["+str(y_test[i])+"]"
    lbl = f"{index} ({pct:.0%}){ans}"
    plt.xlabel(lbl)
plt.show()
```

出力結果

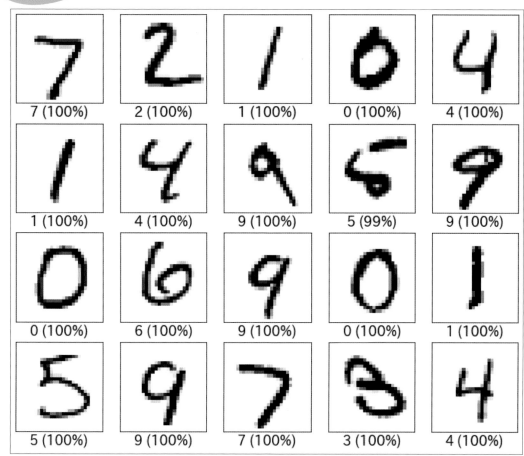

7 (100%)	2 (100%)	1 (100%)	0 (100%)	4 (100%)
1 (100%)	4 (100%)	9 (100%)	5 (99%)	9 (100%)
0 (100%)	6 (100%)	9 (100%)	0 (100%)	1 (100%)
5 (100%)	9 (100%)	7 (100%)	3 (100%)	4 (100%)

LESSON
19

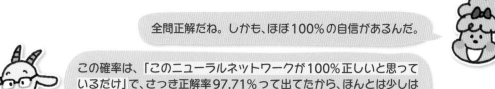

全問正解だね。しかも、ほぼ100%の自信があるんだ。

この確率は、「このニューラルネットワークが100%正しいと思っているだけ」で、さっき正解率97.71%って出てたから、ほんとは少しは間違う可能性があるけどね。

131

LESSON
20

数字の画像
（sklearn）の学習

『Python1年生』で学習した数字画像はもう少し小さくてカクカクしていました。そのような画像でも学習できるのでしょうか？　試してみましょう。

ハカセ、『Python1年生』の『チノ』が学習したときの数字画像って、MNISTと違ってもっとカクカクしてたよね。あれでは学習できないの？

あれでも学習できるよ。じゃあ次は、「数字の画像（sklearn）の学習」をやってみよう。

　Googleドライブで、Google Colabのノートブックを新しく作り、❶ファイル名を「DLtest4-04.ipynb」に変更しましょう。

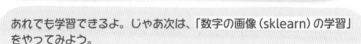

DLtest4-04.ipynb　　　　　　　　　　　❶変更

ファイル　編集　表示　挿入　ランタイム　ツール　ヘルプ

＋ コード　＋ テキスト

 データの準備と確認

まずライブラリのインポートだ。「リスト4-1：（リストA）」をコピーするよ（リスト4-24）。

【入力プログラム】リスト4-24:（リストA）

```
!pip install japanize-matplotlib
import japanize_matplotlib
import matplotlib.pyplot as plt
import numpy as np
import keras
from keras import layers
```

そして、データの準備だ（リスト4-25）。sklearn.datasetsの中の
データを「load_digits()」命令で読み込んで、「train_test_split()」
命令で学習データとテストデータに分ける。この画像データ（x_
train, x_test）も255で割って0.0 ～ 1.0のデータにしておく。最
後に、「データ.shape」を表示して、どんなデータ形式なのかを確認
しよう。

【入力プログラム】リスト4-25

```
import sklearn.datasets
from sklearn.model_selection import train_test_split
digits = sklearn.datasets.load_digits()
X = digits.data
y = digits.target
x_train, x_test, y_train, y_test = train_test_split(X, y, ↵
random_state=0)
x_train, x_test = x_train / 255.0, x_test / 255.0

print(f"学習データ（問題画像） :{x_train.shape}")
print(f"テストデータ（問題画像）:{x_test.shape}")
```

出力結果

```
学習データ（問題画像） :(1347, 64)
テストデータ（問題画像）:(450, 64)
```

これを見ると、学習データは「64ドットの画像が1347枚」、テスト
データは「64ドットの画像が450枚」あるってわかる。今回は、8×
8ドットの画像の1次元配列のデータだから64なんだ。

MNISTと比べると、かわいいデータだったのね。

どんな画像データなのか、学習データ（問題と答え）から見てみよう（リスト4-26）。

【入力プログラム】リスト4-26

```python
def disp_data(xdata, ydata):
    plt.figure(figsize=(12,10))
    for i in range(20):
        plt.subplot(4,5,i+1)
        plt.xticks([])
        plt.yticks([])
        plt.imshow(xdata[i].reshape(8,8), cmap="Greys")
        plt.xlabel(ydata[i])
    plt.show()

disp_data(x_train, y_train)
```

　画像を表示するには、データは64個の1次元配列のデータなので、表示するときに「xdata[i].reshape(8,8)」と指定して、8×8ドットの2次元配列に戻しています。

出力結果

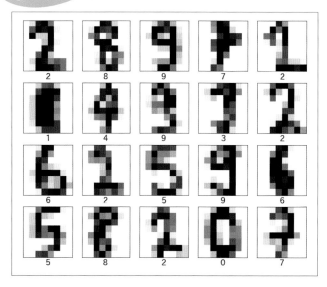

テストデータ（問題と答え）を見てみるよ（リスト4-27）。

【入力プログラム】リスト4-27

```
disp_data(x_test, y_test)
```

出力結果

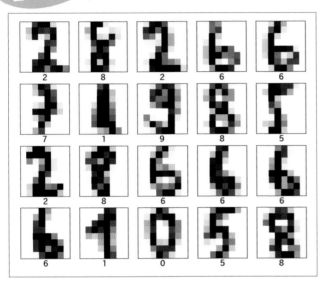

MNISTに比べると、すごくカクカクだね。この画像を見て数字を判断するなんて難しそうだね。

実はそうなんだ。これから試すけど、ちょっとだけ学習がうまくいかないよ。

モデルを作って学習

ではモデルを作ろう（リスト4-28）。画像データはすでに64個の1次元配列になっているから、「input_dim = 64」で64個の入力がある入力層を作るよ。あとは、さっきと一緒だ。ニューロンが128個の中間層を追加して、ニューロンが10個ある出力層を追加する。

135

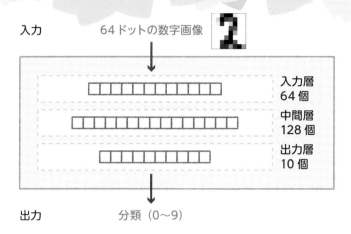

入力　　　　64ドットの数字画像

入力層
64 個

中間層
128 個

出力層
10 個

出力　　　　分類（0〜9）

【入力プログラム】リスト4-28

```
model = keras.models.Sequential()
model.add(layers.Dense(128, activation="relu", input_dim=64))
model.add(layers.Dense(10, activation="softmax"))
model.summary()
```

出力結果

```
Model: "sequential"

Layer (type)                    Output Shape                  Param #
=================================================================
 dense (Dense)                  (None, 128)                   8320
 dense_1 (Dense)                (None, 10)                    1290

=================================================================
Total params: 9,610
Trainable params: 9,610
Non-trainable params: 0
```

学習の実行だ。これもMNISTのときの「リスト4-20：（リストB'）」
をコピーするよ（リスト4-29）。

数字の画像（sklearn）の学習

【入力プログラム】リスト4-29:（リストB'）

```
model.compile(optimizer="adam",
              loss="sparse_categorical_crossentropy",
              metrics=["accuracy"])
history = model.fit(x_train, y_train, epochs=10, #10
                    validation_data=(x_test, y_test))
test_loss, test_acc =model.evaluate(x_test, y_test)
print(f"テストデータの正解率は{test_acc:.2%}です。")
```

出力結果

```
Epoch 1/10
43/43 [==============================] - 2s 14ms/step - loss: ↵
2.2728 - accuracy: 0.3734 - val_loss: 2.2397 - val_accuracy: ↵
0.5533
（略）
Epoch 9/10
43/43 [==============================] - 0s 8ms/step - loss: ↵
1.0639 - accuracy: 0.8679 - val_loss: 1.0354 - val_accuracy: ↵
0.8444
Epoch 10/10
43/43 [==============================] - 1s 12ms/step - loss: ↵
0.9454 - accuracy: 0.8671 - val_loss: 0.9261 - val_accuracy: ↵
0.8511
15/15 [==============================] - 0s 6ms/step - loss: ↵
0.9261 - accuracy: 0.8511
テストデータの正解率は85.11%です。
```

正解率85.11%だって。さっきよりちょっと下がったね。

グラフでも見てみよう。「リスト4-5:（リストC）」をコピーするよ（リスト4-30）。

【入力プログラム】リスト4-30:（リストC）

```
param = [["正解率", "accuracy", "val_accuracy"],
         ["誤差", "loss", "val_loss"]]
plt.figure(figsize=(10,4))
```

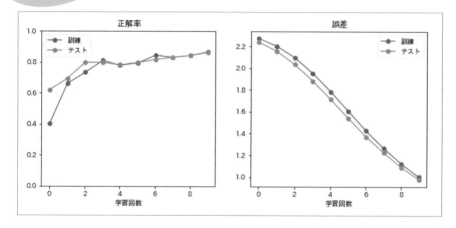

```
for i in range(2):
    plt.subplot(1, 2, i+1)
    plt.title(param[i][0])
    plt.plot(history.history[param[i][1]], "o-")
    plt.plot(history.history[param[i][2]], "o-")
    plt.xlabel("学習回数")
    plt.legend(["訓練","テスト"], loc="best")
    if i==0:
        plt.ylim([0,1])
plt.show()
```

出力結果

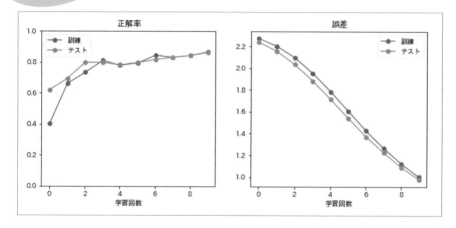

MNISTのときと同じ学習方法なのに、正解率が同じようには伸びないね。

学習する画像のデータ量が少ないから、特徴をうまく見つけられないんだね。ニューロンを128個から1024個に増やして、層ももう1つ増やしてみようか。

ハカセ。層やニューロンの増やし方ってなにか決まりがあるの？

明確な決まりはないかなあ。データや解決する問題の複雑さによって違うので、経験則で決めることも多いかも。この本では、説明のしやすさや、入力のしやすさでいろいろ試行錯誤して決めたんだよ。さあ、プログラムを入力して実行しよう（リスト4-31）。

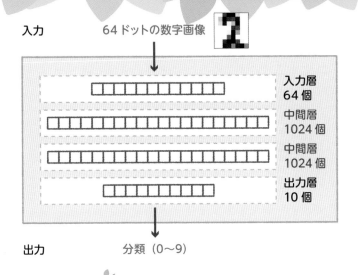

入力　　　64 ドットの数字画像

　　　　　　　　　　　　　　　　入力層
　　　　　　　　　　　　　　　　64 個

　　　　　　　　　　　　　　　　中間層
　　　　　　　　　　　　　　　　1024 個

　　　　　　　　　　　　　　　　中間層
　　　　　　　　　　　　　　　　1024 個

　　　　　　　　　　　　　　　　出力層
　　　　　　　　　　　　　　　　10 個

出力　　　分類（0〜9）

【入力プログラム】リスト 4-31

```
model = keras.models.Sequential()
model.add(layers.Dense(1024, activation='relu', input_dim=64))
model.add(layers.Dense(1024, activation='relu'))
model.add(layers.Dense(10, activation="softmax"))
model.summary()
```

LESSON
20

出力結果

```
Model: "sequential_1"

_____
 Layer (type)                Output Shape              Param #
=================================================================
 dense_2 (Dense)             (None, 1024)              66560
 dense_3 (Dense)             (None, 1024)              1049600
 dense_4 (Dense)             (None, 10)                10250
=================================================================
Total params: 1,126,410
Trainable params: 1,126,410
Non-trainable params: 0
_____
```

では、学習の実行だ。「リスト4-29：(リストB')」をコピーするよ(リスト4-32)。

【入力プログラム】リスト4-32：(リストB')

```python
model.compile(optimizer="adam",
              loss="sparse_categorical_crossentropy",
              metrics=["accuracy"])
history = model.fit(x_train, y_train, epochs=10, #10
                    validation_data=(x_test, y_test))
test_loss, test_acc =model.evaluate(x_test, y_test)
print(f"テストデータの正解率は{test_acc:.2%}です。")
```

出力結果

```
Epoch 1/10
43/43 [==============================] - 4s 65ms/step - loss: ↵
1.8283 - accuracy: 0.5672 - val_loss: 1.0814 - val_accuracy: ↵
0.7422
 (略)
Epoch 9/10
43/43 [==============================] - 1s 29ms/step - loss: ↵
0.1083 - accuracy: 0.9703 - val_loss: 0.1289 - val_accuracy: ↵
0.9556
Epoch 10/10
43/43 [==============================] - 1s 31ms/step - loss: ↵
0.0898 - accuracy: 0.9755 - val_loss: 0.1255 - val_accuracy: ↵
0.9556
15/15 [==============================] - 0s 6ms/step - loss: ↵
0.1255 - accuracy: 0.9556
テストデータの正解率は95.56%です。
```

グラフも表示するよ(リスト4-33：(リストC))。

【入力プログラム】リスト4-33：(リストC)

```python
param = [["正解率", "accuracy", "val_accuracy"],
         ["誤差", "loss", "val_loss"]]
plt.figure(figsize=(10,4))
```

```
for i in range(2):
    plt.subplot(1, 2, i+1)
    plt.title(param[i][0])
    plt.plot(history.history[param[i][1]], "o-")
    plt.plot(history.history[param[i][2]], "o-")
    plt.xlabel("学習回数")
    plt.legend(["訓練","テスト"], loc="best")
    if i==0:
        plt.ylim([0,1])
plt.show()
```

出力結果

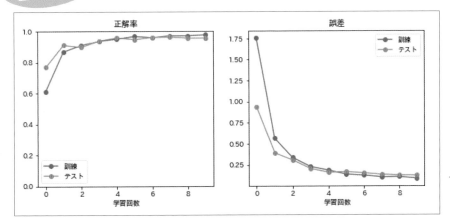

「正解率」が上がって、「誤差」も下がるようになったね。

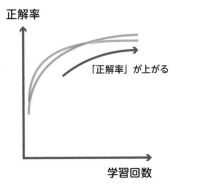

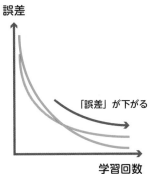

データを渡して予測

テストデータ（問題）を渡して答えを予測させよう（リスト4-34）。画像を並べて、その下に「その数字の予測」と「確率」を表示してみるよ。

【入力プログラム】リスト 4-34

```python
pre = model.predict(x_test)

plt.figure(figsize=(12,10))
for i in range(20):
    plt.subplot(4,5,i+1)
    plt.xticks([])
    plt.yticks([])
    plt.imshow(x_test[i].reshape(8,8), cmap="Greys")

    index = np.argmax(pre[i])
    pct = pre[i][index]
    ans = ""
    if index != y_test[i]:
        ans = "x--o["+str(y_test[i])+"]"
    lbl = f"{index} ({pct:.0%}){ans}"
    plt.xlabel(lbl)
plt.show()
```

出力結果

```
15/15 [==============================] - 0s 3ms/step
```

2 (100%)	8 (95%)	2 (100%)	6 (100%)	6 (100%)
7 (100%)	1 (100%)	9 (96%)	8 (94%)	5 (100%)
2 (100%)	8 (96%)	6 (100%)	6 (100%)	6 (99%)
6 (100%)	1 (100%)	0 (100%)	5 (100%)	8 (98%)

ちゃんと予測してる！　『Python1年生』の人工知能『チノ』のニューラルネットワーク版だね。

『Python1年生』では『チノ』を作ったけど、『Python3年生 機械学習のしくみ』では、なぜ学習できるかを説明したよね。

えーっと。『チノ』は「サポートベクターマシン」を使って画像を分類したんだったよね。

LESSON
20

そうそう。「SVM（サポートベクターマシン）」を使って0～9の数字画像の特徴を学習させたんだ。機械学習には他にもいろいろな手法があって、うまく使えば違う手法でも学習させることができるんだよ。

いろんな種類があったよね～。

ファッションの画像 （MNIST） の学習

Kerasライブラリには、服や靴といったファッションの画像データも入っています。次は、「ファッション画像の学習」を行ってみましょう。

MNISTには服や靴といったファッションの画像データも入っているよ。

数字より、そっちのほうが面白そう！

読み込む画像が、違うだけで同じ方法で分類できるよ。「ファッションの画像（MNIST）の学習」だ。

Googleドライブで、Google Colabのノートブックを新しく作り、❶ファイル名を「DLtest4-05.ipynb」に変更しましょう。

データの準備と確認

まずライブラリのインポートだ。「リスト4-1：（リストA）」をコピーするよ（リスト4-35）。

【入力プログラム】リスト4-35：（リストA）

```
!pip install japanize-matplotlib
import japanize_matplotlib
import matplotlib.pyplot as plt
import numpy as np
import keras
from keras import layers
```

keras.datasetsの中に「fashion_mnist」というファッションの画像のデータがあるので、これを読み込んで、学習しやすいように255で割って0.0～1.0のデータにしておく（リスト4-36）。最後に、「データ.shape」を表示して、どんなデータ形式なのかを確認しよう。

【入力プログラム】リスト4-36

```
from keras.datasets import fashion_mnist
(x_train, y_train),(x_test, y_test) = fashion_mnist.load_data()
x_train, x_test = x_train / 255.0, x_test / 255.0

print(f"学習データ（問題画像）　:{x_train.shape}")
print(f"テストデータ（問題画像）:{x_test.shape}")
```

LESSON
21

出力結果

```
Downloading data from https://storage.googleapis.com/ ↵
tensorflow/tf-keras-datasets/train-labels-idx1-ubyte.gz
29515/29515 [==============================] - 0s 0us/step
Downloading data from https://storage.googleapis.com/ ↵
tensorflow/tf-keras-datasets/train-images-idx3-ubyte.gz
26421880/26421880 [==============================] - 0s 0us/step
Downloading data from https://storage.googleapis.com/ ↵
tensorflow/tf-keras-datasets/t10k-labels-idx1-ubyte.gz
5148/5148 [==============================] - 0s 0us/step
Downloading data from https://storage.googleapis.com/ ↵
tensorflow/tf-keras-datasets/t10k-images-idx3-ubyte.gz
4422102/4422102 [==============================] - 0s 0us/step
学習データ（問題画像）　:(60000, 28, 28)
テストデータ（問題画像）:(10000, 28, 28)
```

学習データは「28×28ドットの画像が60000枚」、テストデータは「28×28ドットの画像が10000枚」だ。

MNISTの数字画像と同じだね。

数字画像のときは「番号がその数字」なのですぐわかったけれど、今回は「ある番号が何の画像なのかの分類名データ」が必要だ。

番号と画像の種類の対応表

番号	名前
0	Tシャツ/トップス
1	ズボン
2	プルオーバー
3	ドレス
4	コート
5	サンダル
6	シャツ
7	スニーカー
8	バッグ
9	アンクルブーツ

番号と図の対応が
すぐわかる

この分類名データを使って、どの画像がどんな分類なのかを見ておこう。まずは、学習データ（問題と答え）だ（リスト4-37）。

【入力プログラム】リスト4-37

```
class_names = ["Tシャツ/トップス", "ズボン", "プルオーバー", "ドレス", ↵
"コート",
                "サンダル", "シャツ", "スニーカー", "バッグ", "アンクル ↵
ブーツ"]
def disp_data(xdata, ydata):
    plt.figure(figsize=(12,10))
    for i in range(20):
        plt.subplot(4,5,i+1)
```

```
        plt.xticks([])
        plt.yticks([])
        plt.imshow(xdata[i], cmap="Greys")
        plt.xlabel(class_names[y_train[i]])
    plt.show()

disp_data(x_train, y_train)
```

出力結果

LESSON
21

いろいろあるね。「アンクルブーツ」って、くるぶしまである靴なのね。

次は、テストデータ（問題と答え）を見てみよう（リスト4-38）。

【入力プログラム】リスト4-38

```
disp_data(x_test, y_test)
```

出力結果

数字と違って楽しいね。でも、ちゃんと学習できるかな？

🌰 モデルを作って学習

ではモデルを作ろう（リスト4-39）。このデータもMNISTと同じ
28×28ドットの2次元配列データなので「layers.Flatten()」で、
1次元配列に変換してから入力するよ。

入力　28x28=784 ドットのファッション画像

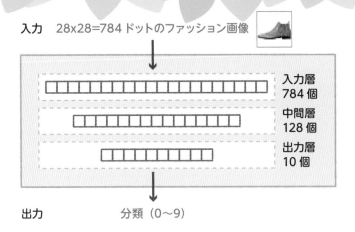

入力層
784 個

中間層
128 個

出力層
10 個

出力　　　　　分類（0〜9）

【入力プログラム】リスト 4-39

```
model = keras.models.Sequential()
model.add(layers.Flatten(input_shape=(28, 28)))
model.add(layers.Dense(128, activation="relu"))
model.add(layers.Dense(10, activation="softmax"))
model.summary()
```

出力結果

```
Model: "sequential"

_____
 Layer (type)                Output Shape              Param #
=================================================================
 flatten (Flatten)           (None, 784)               0
 dense (Dense)               (None, 128)               100480
 dense_1 (Dense)             (None, 10)                1290
=================================================================
Total params: 101,770
Trainable params: 101,770
Non-trainable params: 0
```

次は、学習の実行だ。MNISTのときの「リスト4-20：（リストB'）」をコピーするよ（リスト4-40）。

【入力プログラム】リスト4-40：（リストB'）

```
model.compile(optimizer="adam",
              loss="sparse_categorical_crossentropy",
              metrics=["accuracy"])
history = model.fit(x_train, y_train, epochs=10, #10
                    validation_data=(x_test, y_test))
test_loss, test_acc =model.evaluate(x_test, y_test)
print(f"テストデータの正解率は{test_acc:.2%}です。")
```

出力結果

```
Epoch 1/10
1875/1875 [==============================] - 12s 5ms/step - ↵
loss: 0.4972 - accuracy: 0.8250 - val_loss: 0.4441 - val_ ↵
accuracy: 0.8424
 （略）
Epoch 14/15
1875/1875 [==============================] - 5s 3ms/step - ↵
loss: 0.2073 - accuracy: 0.9234 - val_loss: 0.3675 - val_ ↵
accuracy: 0.8792
Epoch 15/15
1875/1875 [==============================] - 5s 3ms/step - ↵
loss: 0.2032 - accuracy: 0.9240 - val_loss: 0.3376 - val_ ↵
accuracy: 0.8872
313/313 [==============================] - 1s 2ms/step - loss: ↵
0.3376 - accuracy: 0.8872
テストデータの正解率は88.72%です。
```

正解率88.72%だって。やっぱり数字より難しそうだもんね。

グラフ化して見てみよう。「リスト4-5：（リストC）」をコピーだ（リスト4-41）。

【入力プログラム】リスト4-41：（リストC）

```python
param = [["正解率", "accuracy", "val_accuracy"],
         ["誤差", "loss", "val_loss"]]
plt.figure(figsize=(10,4))
for i in range(2):
    plt.subplot(1, 2, i+1)
    plt.title(param[i][0])
    plt.plot(history.history[param[i][1]], "o-")
    plt.plot(history.history[param[i][2]], "o-")
    plt.xlabel("学習回数")
    plt.legend(["訓練","テスト"], loc="best")
    if i==0:
        plt.ylim([0,1])
plt.show()
```

出力結果

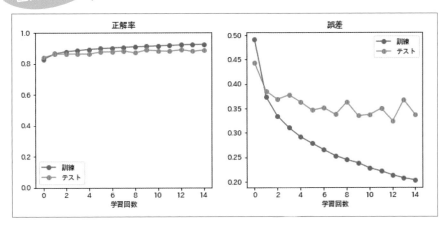

「正解率」はあまり上がりきらないね。「誤差」も青色は下がってるのに、オレンジ色は途中からガクガクしてるよ。

これは「過学習（overfitting）」が起こってるようだね。

過学習？

「学習データではうまくできるのに、テストデータではうまくできなくなる現象」のことだ。

どうしてうまくできないの？

ニューラルネットワークは、単純に学習すればするほど精度が上がるというわけではない。学習データが少なかったり、学習してほしくないノイズが混ざったデータになっていたりすると、その偏った学習データに過剰適合した学習をしてしまい、精度が落ちることが起こるんだ。よくこんなグラフになるよ。

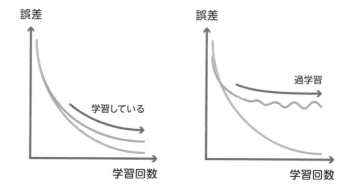

ふーん。勉強のし過ぎはよくないってことなのね。きっと、なんでもバランスが大事なのよ。

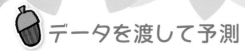

データを渡して予測

 でもまあ、正解率が88.72%もあるから、とりあえずテストデータ（問題）を渡して見てみようか（リスト4-42）。

【入力プログラム】リスト 4-42

```python
pre = model.predict(x_test)

plt.figure(figsize=(12,10))
for i in range(20):
    plt.subplot(4,5,i+1)
    plt.xticks([])
    plt.yticks([])
    plt.imshow(x_test[i], cmap="Greys")

    index = np.argmax(pre[i])
    pct = pre[i][index]
    ans = ""
    if index != y_test[i]:
        ans = "x--o["+class_names[y_test[i]]+"]" #
    lbl = f"{class_names[index]} ({pct:.0%}){ans}" #
    plt.xlabel(lbl)
plt.show()
```

LESSON
21

出力結果

```
313/313 [==============================] - 1s 3ms/step
```

アンクルブーツ (89%) ／ プルオーバー (100%) ／ ズボン (100%) ／ ズボン (100%) ／ シャツ (65%)

ズボン (100%) ／ コート (99%) ／ シャツ (99%) ／ サンダル (100%) ／ スニーカー (100%)

コート (56%) ／ サンダル (100%) ／ スニーカー (76%) ／ ドレス (100%) ／ コート (90%)

ズボン (100%) ／ プルオーバー (98%) ／ プルオーバー (88%)x--o[コート] ／ バッグ (100%) ／ Tシャツ/トップス (98%)

なんか、いい感じで正解してるよ！ 「プルオーバー」と「コート」を間違えてるところがあるけど、こんなのわたしでも間違えるもん！

第5章
CNNで画像を認識しよう

次は動物や乗り物など
いろんなカラーの
画像データを使って
学んでいくよ。

もりだくさん！

しかもカラー画像だから
データ量は3倍になるんだ。

たいへんだ〜！

画像って目で見るよね。
だから、学習も目を使うんだよ。

EYE

どゆこと？

目の細胞のしくみに
ヒントを得た
CNNを使うんだ。

なんですと！？

よし！
じゃあ、いくよー。

イエッサー！

この章でやること

カラー画像を学習させる

次はカラー画像に挑戦だ

写真がいっぱい！

CNN について知る

畳み込み層 ── 特徴を抽出する

プーリング層 ── 圧縮して位置の多少のズレを吸収する

CNN でカラー画像を学習させる

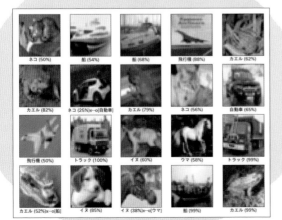

CNN で学習させるよ！

LESSON
22

カラー画像（CIFAR-10）の学習

これまではモノクロ画像で学習を行ってきました。カラー画像でも学習させてみましょう。どのようになるでしょうか？

Kerasには、CIFAR-10（スイーファー・テン）という、カラーの画像データも入っているよ。動物や乗り物などいろいろな画像だ。次はこれを使って学習してみよう。

そういえばこれまで、モノクロ画像ばっかりだったね。

モノクロ画像は「明るさの濃淡」だけでよかったけど、カラーになると「RGB（赤緑青）」の情報が必要なのでデータ量が3倍で複雑になるんだ。

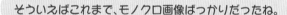

モノクロ　　　　　　　　　RGB（赤緑青）

　まず、Googleドライブで、Google Colabのノートブックを作り、❶ファイル名を「DLtest5-01.ipynb」に変更しましょう。

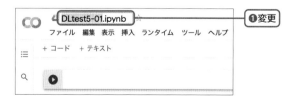

データが多くなるので計算量が増えて、計算に時間がかかるようになる。ゆっくり待ってもいいけれど、Google Colabの「GPU」を使うと高速に計算できるよ。

　ノートブックの❶❷［編集 > ノートブックの設定］をクリックして、❸［ハードウェア アクセラレータ］を「None」から「GPU」に変更して❹［保存］ボタンをクリックすれば、そのノートブックでGPUが使えるようになります。

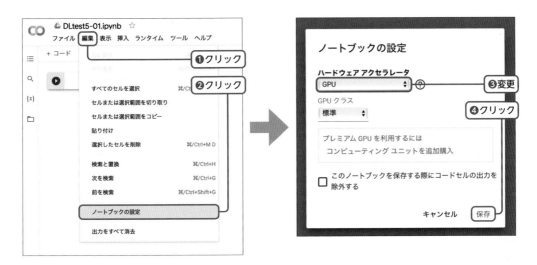

　ただし、GPUを使いすぎてしまうと、「使用量上限に達したため、現在 GPU に接続できません」と表示されて、しばらく使えなくなることもあるので、GPUはここぞというときに使うようにしましょう。

 データの準備と確認

まずは「リスト4-1：（リストA）」をコピーして、ライブラリのインポートするよ（リスト5-1）。

【入力プログラム】リスト5-1：（リストA）

```
!pip install japanize-matplotlib
import japanize_matplotlib
```

```
import matplotlib.pyplot as plt
import numpy as np
import keras
from keras import layers
```

keras.datasetsの中に「CIFAR-10」というカラー画像があるので、これを読み込んで、どんなデータ形式か確認しよう（リスト5-2）。

【入力プログラム】リスト5-2

```
from keras.datasets import cifar10
(x_train, y_train),(x_test, y_test) = cifar10.load_data()
x_train, x_test = x_train / 255.0, x_test / 255.0

print(f"学習データ（問題画像）　：{x_train.shape}")
print(f"テストデータ（問題画像）：{x_test.shape}")
```

出力結果

```
Downloading data from https://www.cs.toronto.edu/~kriz/cifar-↵
10-python.tar.gz
170498071/170498071 [==============================] - 6s 0us/↵
step
学習データ（問題画像）　：(50000, 32, 32, 3)
テストデータ（問題画像）：(10000, 32, 32, 3)
```

学習データは「50000枚の32×32ドット×3（RGB）画像」、テストデータは「10000枚の32×32ドット×3（RGB）画像」だ。このデータの画像の分類名は以下の通りだ。

番号と画像の分類名の対応表

番号	名前	番号	名前	番号	名前
0	飛行機	4	シカ	8	船
1	自動車	5	イヌ	9	トラック
2	鳥	6	カエル		
3	ネコ	7	ウマ		

この分類名を使って、どんな画像があるのか確認しておこう。まずは、学習データ（問題と答え）を見てみよう（リスト5-3）。

【入力プログラム】リスト5-3

```python
class_names = ["飛行機", "自動車", "鳥", "ネコ", "シカ",
              "イヌ", "カエル", "ウマ", "船", "トラック"]
def disp_data(xdata, ydata):
    plt.figure(figsize=(12,10))
    for i in range(20):
        plt.subplot(4,5,i+1)
        plt.xticks([])
        plt.yticks([])
        plt.imshow(xdata[i])
        plt.xlabel(class_names[ydata[i][0]])
    plt.show()

disp_data(x_train, y_train)
```

出力結果

わお！

（誌面では各画像の下の文字を大きく表示して読みやすくしています）

LESSON
22

画像がカラフルだね。「カエル」とか「トラック」とかいろいろある。

次は、テストデータ（問題と答え）だ（リスト5-4）。

【入力プログラム】リスト5-4

```
disp_data(x_test, y_test)
```

出力結果

いろいろあって楽しいね。でも学習するのは難しそう。

モデルを作って学習

 それではモデルを作ろう（リスト5-5）。データは、32×32×3の3次元配列データなので「layers.Flatten()」で、3072個の1次元配列に変換してから入力するよ。ニューロンが128個の中間層を追加して、ニューロンが10個ある出力層を追加する。

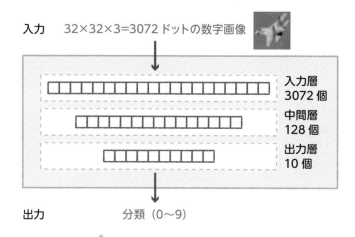

入力　　32×32×3=3072 ドットの数字画像

入力層 3072 個

中間層 128 個

出力層 10 個

出力　　　分類（0〜9）

【入力プログラム】リスト5-5

```
model = keras.models.Sequential()
model.add(layers.Flatten(input_shape=(32, 32, 3)))
model.add(layers.Dense(128, activation="relu"))
model.add(layers.Dense(10, activation="softmax"))
model.summary()
```

LESSON
22

出力結果

```
Model: "sequential"

_____
 Layer (type)                Output Shape              Param #
=================================================================
 flatten (Flatten)           (None, 3072)              0

 dense (Dense)               (None, 128)               393344

 dense_1 (Dense)             (None, 10)                1290

=================================================================
Total params: 394,634
Trainable params: 394,634
Non-trainable params: 0
_____
```

モデルができたので、学習の実行だ。「リスト4-4：（リストB）」をコピー
して、学習回数は20回にしよう（リスト5-6）。

【入力プログラム】リスト5-6：（リストB'）

```python
model.compile(optimizer="adam",
              loss="sparse_categorical_crossentropy",
              metrics=["accuracy"])
history = model.fit(x_train, y_train, epochs=20, #20
                    validation_data=(x_test, y_test))
test_loss, test_acc =model.evaluate(x_test, y_test)
print(f"テストデータの正解率は{test_acc:.2%}です。")
```

出力結果

```
Epoch 1/20
1563/1563 [==============================] - 7s 4ms/step - ↵
loss: 1.5881 - accuracy: 0.4317 - val_loss: 1.6266 - val_ ↵
accuracy: 0.4118
 （略）
Epoch 19/20
1563/1563 [==============================] - 6s 4ms/step - ↵
loss: 1.4895 - accuracy: 0.4672 - val_loss: 1.5824 - val_ ↵
accuracy: 0.4417
Epoch 20/20
1563/1563 [==============================] - 5s 3ms/step - ↵
loss: 1.4842 - accuracy: 0.4721 - val_loss: 1.5471 - val_ ↵
accuracy: 0.4537
313/313 [==============================] - 1s 3ms/step - loss: ↵
1.5471 - accuracy: 0.4537
テストデータの正解率は45.37%です。
```

おやおや。正解率45.37%って。ぜんぜんよくないよ。

グラフでも確認してみよう。「リスト4-5：（リストC）」をコピーだ（リスト5-7）。

LESSON
22

【入力プログラム】リスト5-7：（リストC）

```python
param = [["正解率", "accuracy", "val_accuracy"],
        ["誤差", "loss", "val_loss"]]
plt.figure(figsize=(10,4))
for i in range(2):
    plt.subplot(1, 2, i+1)
    plt.title(param[i][0])
    plt.plot(history.history[param[i][1]], "o-")
    plt.plot(history.history[param[i][2]], "o-")
    plt.xlabel("学習回数")
    plt.legend(["訓練","テスト"], loc="best")
    if i==0:
        plt.ylim([0,1])
plt.show()
```

出力結果

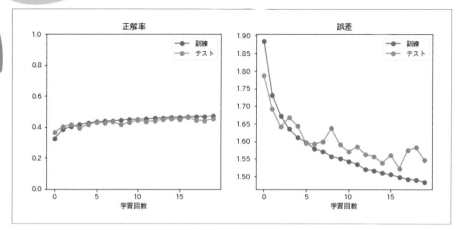

正解率がぜんぜん上がらないね。

そもそも学習データの正解率が上がってないので、訓練がうまく進んでいないみたいだね。

データを渡して予測

こういう状態だけど、テストデータを渡して予測させてみよう（リスト5-8）。

【入力プログラム】リスト5-8

```python
pre = model.predict(x_test)

plt.figure(figsize=(12,10))
for i in range(20):
    plt.subplot(4,5,i+1)
    plt.xticks([])
    plt.yticks([])
    plt.imshow(x_test[i])

    index = np.argmax(pre[i])
    pct = pre[i][index]
    ans = ""
    if index != y_test[i]:
        ans = "x--o["+class_names[y_test[i][0]]+"]"
    lbl = f"{class_names[index]} ({pct:.0%}){ans}"
    plt.xlabel(lbl)
plt.show()
```

LESSON
22

出力結果

ネコ (36%)　トラック (43%)x--o[船]　船 (73%)　船 (41%)x--o[飛行機]　シカ (57%)x--o[カエル]

カエル (61%)　ネコ (35%)x--o[自動車]　カエル (51%)　シカ (26%)x--o[ネコ]　自動車 (41%)

船 (68%)x--o[飛行機]　自動車 (51%)x--o[トラック]　カエル (23%)x--o[イヌ]　ウマ (62%)　トラック (32%)

船 (45%)　ウマ (35%)x--o[イヌ]　ネコ (20%)x--o[ウマ]　船 (79%)　カエル (34%)

ありゃ～。「船」を「トラック」といったり、「自動車」を「ネコ」といったり。画像をちゃんと見ていないんじゃないの？

実はそうなんだよ。2次元配列の画像データを1次元配列に変換して学習しているから、画像としての特徴を見ていないんだよ。例えば、「A」という文字の画像も1次元配列にするとこうなるよ。

 Flatten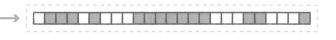

こんなデータを見せられても、何の画像かよくわかんないよ～。

CNNの実験

画像の学習を行うには、目の細胞をヒントに考えられた CNN を使うと画像の特徴をうまく学習できるようになります。

 ## CNNは、目の細胞と似たしくみ

画像なのでやっぱり2次元として見るべきだよね。だから、データをまず2次元画像として認識し、その後特徴を抽出していくと、考えることにしたんだ。画像認識の方法としては「CNN（Convolutional Neural Network）」というのがあるんだ。歴史は古くて、1979年に福島邦彦博士が、目の細胞をヒントに「ネオコグニトロン」を考案したんだけれど、それを改良したのがCNNなんだ。

そんな方法があるんだ。

そもそも目の細胞には、「S細胞（単純型細胞）」と「C細胞（複雑型細胞）」というのがある。S細胞では画像の濃淡から画像の特徴を抽出できて、C細胞では画像の位置が多少ズレていても吸収できるんだよ。

へぇ〜。目っていろんな仕事をする細胞があるのね。

このS細胞やC細胞と同じような働きをする層が考えられたんだ。画像の特徴を抽出する層を「畳み込み層（Convolution）」、圧縮して画像の位置が多少ズレしていても吸収する層を「プーリング層（Pooling）」というんだよ。

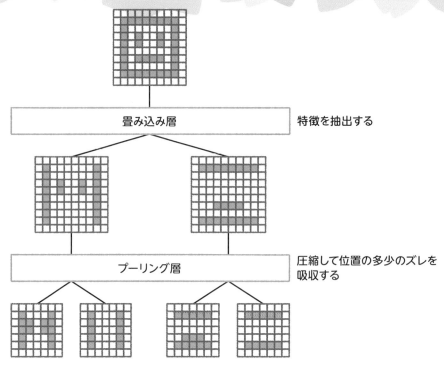

畳み込み層　特徴を抽出する

プーリング層　圧縮して位置の多少のズレを
吸収する

畳み込み層や、プーリング層って、どういうことをするの？

畳み込み層では、画像のすべての範囲に対して、小さなフィルタ（カーネルともいいます）をスライドさせながらかけていく。すると、特定のパターンが強調されて、画像の特徴を抽出できるんだ。

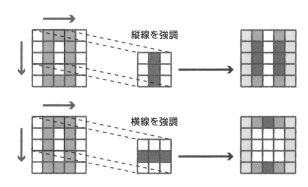

縦線を強調

横線を強調

画像に　　　小さなフィルタを　　　特徴が抽出される
　　　　スライドさせてかけていく

プーリング層では、画像内を小さい範囲に区切って、それぞれから最大値を取り出して小さい画像を作るんだ。こうして画像を作ると、元の画像の位置が多少ズレていても吸収できる画像になるんだよ。

不思議ね〜。

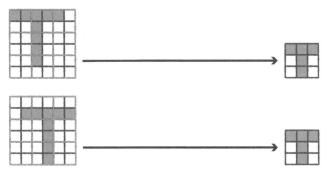

画像を
範囲で区切って

最大値で
小さな画像を作る

位置が多少
ズレていても吸収できる

CNNでは、まず入力された画像データを、何層にも重ねた畳み込み層とプーリング層を通して特徴を抽出する。このとき、畳み込み層のフィルタはランダムにたくさん作るんだよ。いろいろなフィルタで、いろいろな特徴を抽出するんだ。

フィルタってたくさん作るのね！

ひとつのフィルタだけでその画像の特徴を捉えられるとは考えにくいし、別の画像ではもっと別のフィルタがいるかも知れない。だからまずはいろいろ用意するんだ。そしてその後、全結合層を使って「どのフィルタを使うと分類に効果的なのかを学習する」というわけなんだ。

なるほどね〜。

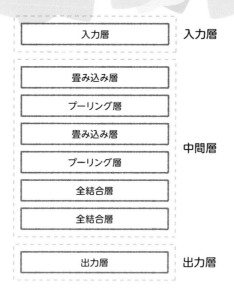

まず、Googleドライブで、Google Colabのノートブックを作り、ファイル名を❶「DLtest5-02.ipynb」に変更しましょう。

 画像処理のミニ実験

 畳み込み層とプーリング層で行っている処理とは、プログラム的にはまさに画像処理なんだよ。

 へ〜、画像処理なんだ。

 畳み込み層では「フィルタ演算」、プーリング層では「ダウンサンプリング」という画像処理を行うんだ。そのプログラムを作ってミニ実験をしてみよう。まずは、テスト用の画像の準備だ。リスト5-9のプログラムを実行してみよう。

【入力プログラム】リスト 5-9

```python
import numpy as np
import matplotlib.pyplot as plt

n0 = np.array([
    [0,0,0,0,0,0,0,0,0,0,0,0],
    [0,0,4,9,9,9,9,9,9,4,0,0],
    [0,0,9,9,9,9,9,9,9,9,0,0],
    [0,0,9,9,4,0,0,4,9,9,0,0],
    [0,0,9,9,0,0,0,0,9,9,0,0],
    [0,0,9,9,0,0,0,0,9,9,0,0],
    [0,0,9,9,0,0,0,0,9,9,0,0],
    [0,0,9,9,0,0,0,0,9,9,0,0],
    [0,0,9,9,4,0,0,4,9,9,0,0],
    [0,0,9,9,9,9,9,9,9,9,0,0],
    [0,0,4,9,9,9,9,9,9,4,0,0],
    [0,0,0,0,0,0,0,0,0,0,0,0]])
n1 = np.array([
    [0,0,0,0,0,0,0,0,0,0,0,0],
    [0,0,0,0,0,0,0,0,0,0,0,0],
    [0,0,0,0,4,9,7,0,0,0,0,0],
    [0,0,0,0,0,9,7,0,0,0,0,0],
    [0,0,0,0,0,9,7,0,0,0,0,0],
    [0,0,0,0,0,9,7,0,0,0,0,0],
    [0,0,0,0,0,9,7,0,0,0,0,0],
    [0,0,0,0,0,9,7,0,0,0,0,0],
    [0,0,0,0,0,9,7,0,0,0,0,0],
    [0,0,0,0,0,9,7,0,0,0,0,0],
    [0,0,0,0,4,9,7,4,0,0,0,0],
    [0,0,0,0,0,0,0,0,0,0,0,0]])
n2 = np.array([
    [0,0,0,0,0,0,0,0,0,0,0,0],
    [0,0,4,9,9,9,9,9,9,4,0,0],
    [0,0,9,9,9,9,9,9,9,9,0,0],
    [0,0,0,0,0,0,0,4,9,9,0,0],
    [0,0,0,0,0,0,0,0,9,9,0,0],
```

```
      [0,0,0,0,4,9,9,9,9,9,0,0],
      [0,0,0,0,4,9,9,9,9,9,0,0],
      [0,0,0,0,0,0,0,0,9,9,0,0],
      [0,0,0,0,0,0,0,4,9,9,0,0],
      [0,0,9,9,9,9,9,9,9,9,0,0],
      [0,0,4,9,9,9,9,9,9,4,0,0],
      [0,0,0,0,0,0,0,0,0,0,0,0]])
ndata = [n0, n1, n2]

for i in range(3):
    plt.subplot(1, 3, i+1)
    plt.imshow(ndata[i], cmap="Greys")
    plt.xticks([])
    plt.yticks([])
plt.show()
```

　テスト用の画像として、0～9の値で作った2次元配列の画像データです。確認のためそれを表示してみます。

出力結果

数字画像データが3つね。

畳み込み層では、画像に対してフィルタ演算を行う。画像のすべての範囲に対して、小さなフィルタをスライドさせながらかけていくことで、特徴を抽出するんだ。今回わかりやすい例として、「縦線強調」と「横線強調」のフィルタを作ってみるよ（リスト5-10）。

【入力プログラム】リスト 5-10

```python
fV = np.array([
    [-2.0, 1.0, 1.0],
    [-2.0, 1.0, 1.0],
    [-2.0, 1.0, 1.0]])
fH = np.array([
    [1.0, 1.0, 1.0],
    [1.0, 1.0, 1.0],
    [-2.0, -2.0, -2.0]])

for i in range(2):
    plt.subplot(1,2,i+1)
    if i == 0:
        plt.imshow(fV, cmap="Blues")
        plt.xlabel("V")
    if i == 1:
        plt.imshow(fH, cmap="Blues")
        plt.xlabel("H")
    plt.xticks([])
    plt.yticks([])
plt.show()
```

フィルタは「3×3」「5×5」「7×7」など、奇数がよく使われます。

LESSON
23

出力結果

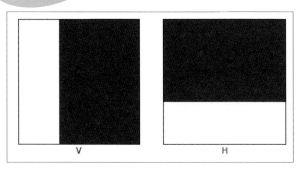

この模様がフィルタなの？

実際のCNNのフィルタではもっとランダムな模様になっていて、学習が進むと特徴を抽出しやすいフィルタに変化していく。つまりそれが、画像の特徴を見つけるということなんだね。

いいフィルタに成長するのね。

フィルタ演算関数と、ダウンサンプリング関数のミニプログラムはリスト5-11の通りだ。

【入力プログラム】リスト5-11

```python
vdata = []
hdata = []
vpool = []
hpool = []
def convo_img(numimg, filter):
    nx, ny = len(numimg), len(numimg[0])
    img = np.zeros((nx, ny))
    for i in range(nx - 3 + 1):
        for j in range(ny - 3 + 1):
            img[i][j] = np.sum(numimg[i:i+3, j:j+3] * filter)
    return img
def pool_img(numimg, num):
    img = []
    numimg = np.array(numimg)
    nx, ny = len(numimg), len(numimg[0])
    for i in range(0, nx, num):
        row = []
        for j in range(0, ny, num):
            row.append(np.max(numimg[i:i+num, j:j+num]))
        img.append(row)
    return img
```

3つのテスト画像それぞれに、「縦線強調」「横線強調」の2種類のフィルタで画像処理を行っていくよ（リスト5-12）。全部で12種類の結果が出るよ。実行してみよう。

【入力プログラム】リスト5-12

```python
def cnn_test(data, num, size):
    vdata = []
    hdata = []
    vpool = []
    hpool = []
    for idx in range(num):
        vdata.append(convo_img(data[idx], fV))
        hdata.append(convo_img(data[idx], fH))
        vpool.append(pool_img(vdata[idx], size))
        hpool.append(pool_img(hdata[idx], size))

    plt.figure(figsize=(12,8))
    for idx in range(num):
        for i in range(5):
            plt.subplot(num, 5, idx*5+i+1)
            if i == 0:
                plt.imshow(data[idx], cmap="Greys")
            if i == 1:
                plt.imshow(vdata[idx], cmap="Blues")
                plt.xlabel("V")
            if i == 2:
                plt.imshow(vpool[idx], cmap="Blues")
            if i == 3:
                plt.imshow(hdata[idx], cmap="Blues")
                plt.xlabel("H")
            if i == 4:
                plt.imshow(hpool[idx], cmap="Blues")
            plt.xticks([])
            plt.yticks([])
    plt.show()

cnn_test(ndata, 3, 3)
```

出力結果

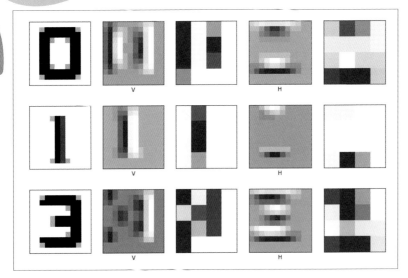

いい感じの結果が出たね。一番左が元の画像で、その右2つが「縦線フィルタ」の畳み込み層に通した画像と、それをプーリング層に通した画像だ。

縦線が強調されてるね。「0」は縦2本で、「1」は縦1本ってわかるね。「3」はわかりにくいけど。

さらにその右の2つが「横線フィルタ」の畳み込み層に通した画像と、それをプーリング層に通した画像だ。

今度は横線が強調されてる。「0」は横2本で、「1」は下にちょっとあって、「3」は横3本っぽく見えるね。こんな風に見てるのかー。

ミニ実験だけど、フィルタの効果が見られたね。

MNISTデータでテスト

ハカセ。じゃあMNISTのデータを使えば、縦線と横線を強調できるんじゃないの？

ミニ実験用のフィルタだからうまくいくかわからないけど、面白いからやってみよう。5つの数字に画像処理してみるよ（リスト5-13）。

【入力プログラム】リスト5-13

```python
from keras.datasets import mnist
(x_train, y_train),(x_test, y_test) = mnist.load_data()
x_train, x_test = x_train / 255.0, x_test / 255.0
cnn_test(x_test, 5, 5)
```

出力結果

```
Downloading data from https://storage.googleapis.com/ ↵
tensorflow/tf-keras-datasets/mnist.npz
11490434/11490434 [==============================] - 0s 0us/step
```

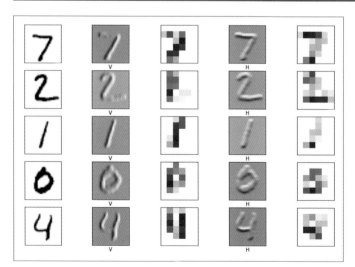

LESSON
23

なんかできた～。縦線と横線が強調されてるっぽいね。

よ〜し。次は、ファッションのMNISTデータでも試してみようか！
（リスト5-14）

【入力プログラム】リスト 5-14

```
from keras.datasets import fashion_mnist
(x_train, y_train),(x_test, y_test) = fashion_mnist.load_data()
x_train, x_test = x_train / 255.0, x_test / 255.0
cnn_test(x_test, 5, 5)
```

出力結果

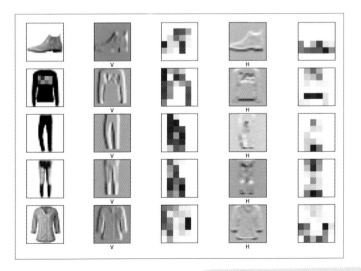

これも縦線と横線が強調されてるね。面白〜い。

CNNでカラー画像
（CIFAR-10）の学習

最初はうまくいかなかった「カラー画像の学習」ですが、今度は CNN を使って学習させてみましょう。どのようになるでしょうか？

さあ、それではCNNを使ってカラー画像を学習させてみよう。CNNを使うところ以外はLESSON 22と同じだから、ほとんどLESSON 22のコピーで作れるよ。

まず、Googleドライブで、Google Colabのノートブックを作り、❶ファイル名を「DLtest5-03.ipynb」に変更しましょう。

データの準備と確認

ライブラリのインポートだ。「リスト5-1：（リストA）」をコピーしよう（リスト5-15）。

【入力プログラム】リスト5-15：(リストA)

```
!pip install japanize-matplotlib
import japanize_matplotlib
import matplotlib.pyplot as plt
import numpy as np
import keras
from keras import layers
```

CIFAR-10の読み込みは、「リスト5-2」をコピーするよ(リスト5-16)。

【入力プログラム】 リスト5-16

```
from keras.datasets import cifar10
(x_train, y_train),(x_test, y_test) = cifar10.load_data()
x_train, x_test = x_train / 255.0, x_test / 255.0

print(f"学習データ（問題画像） :{x_train.shape}")
print(f"テストデータ（問題画像）:{x_test.shape}")
```

出力結果

```
Downloading data from https://www.cs.toronto.edu/~kriz/cifar-⏎
10-python.tar.gz
170498071/170498071 [==============================] - 4s 0us/⏎
step
学習データ（問題画像） :(50000, 32, 32, 3)
テストデータ（問題画像）:(10000, 32, 32, 3)
```

分類名データは、「リスト5-3」のリスト部分のみをコピーしよう(リスト5-17)。

【入力プログラム】 リスト5-17

```
class_names = ["飛行機", "自動車", "鳥", "ネコ", "シカ",
               "イヌ", "カエル", "ウマ", "船", "トラック"]
```

モデルを作って学習

 さて、ではCNNを使ったモデルを作るよ（リスト5-18）。最初に、畳み込み層とプーリング層を追加する。畳み込み層は「layers.Conv2D(フィルタ数，サイズ，活性化関数)」で、プーリング層は「layers.MaxPooling2D(サイズ)」で作るんだ。

これも全結合層みたいに作れるのね。

 それから今回は、過学習を防ぐために「layers.Dropout(ドロップアウト率)」で作れる「ドロップアウト層」も追加しようと思うんだ。

ドロップアウト？

 ドロップアウト層は、訓練データに過剰に適合してしまうことを防ぐんだ。ニューロンをランダムに削除する方法だ。ネットワーク全体の複雑さを減らす効果があるんだ。

せっかく学習したのに削除するの？　なんだか、人間が「物忘れ」をするのと似てるね。

たしかに似てるかも。問題集を頭に詰め込みすぎたときより、時間が経って少し忘れたぐらいのほうがすっきり理解できてることってあるよね。

LESSON
24

これを使って学習

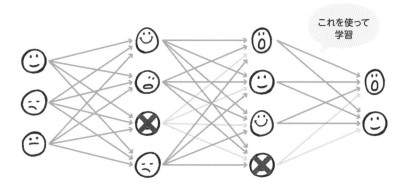

入力層 (32×32×3)	入力層
畳み込み層 (32)	
プーリング層 (2×2)	
ドロップアウト層 (0.2)	
畳み込み層 (64)	
プーリング層 (2×2)	中間層
ドロップアウト層 (0.2)	
全結合層 (64)	
ドロップアウト層 (0.2)	
全結合層 (32)	
出力層 (10)	出力層

【入力プログラム】リスト 5-18

```
model = keras.models.Sequential()
model.add(layers.Conv2D(32, (5, 5), activation="relu", input_↵
shape=(32, 32, 3)))
model.add(layers.MaxPooling2D((2, 2)))
model.add(layers.Dropout(0.2))
model.add(layers.Conv2D(64, (5, 5), activation="relu"))
model.add(layers.MaxPooling2D((2, 2)))
model.add(layers.Dropout(0.2))
model.add(layers.Flatten())
model.add(layers.Dense(64, activation='relu'))
model.add(layers.Dropout(0.2))
model.add(layers.Dense(32, activation="relu"))
model.add(layers.Dense(10, activation="softmax"))
model.summary(line_length=120)
```

　最初の層は「layers.Conv2D(32, (5, 5), activation="relu", input_shape=(32, 32, 3))」で、
32×32×3（RGB）の画像を読み込んで、32枚の5×5のフィルタを使います。そして次の

184

層は「layers.MaxPooling2D((2, 2))」で、「2×2」の範囲に区切って小さくします。その次に「layers.Dropout(0.2)」で、20％ドロップアウトさせて過学習を予防します。これをもう1回くり返したあと、「layers.Flatten()」で1次元配列にして全結合層にしていきます。今回は層の名前が長くなりそうなので、「model.summary(line_length=120)」で1行の文字数を増やしています。

出力結果

```
Model: "sequential"

Layer (type)                   Output Shape          Param #
=============================================================
 conv2d (Conv2D)               (None, 28, 28, 32)    2432
 max_pooling2d (MaxPooling2D)  (None, 14, 14, 32)    0
 dropout (Dropout)             (None, 14, 14, 32)    0
 conv2d_1 (Conv2D)             (None, 10, 10, 64)    51264
 max_pooling2d_1 (MaxPooling2D) (None, 5, 5, 64)      0
 dropout_1 (Dropout)           (None, 5, 5, 64)      0
 flatten (Flatten)             (None, 1600)          0
 dense (Dense)                 (None, 64)            102464
 dropout_2 (Dropout)           (None, 64)            0
 dense_1 (Dense)               (None, 32)            2080
 dense_2 (Dense)               (None, 10)            330
=============================================================
Total params: 158,570
Trainable params: 158,570
Non-trainable params: 0
```

（誌面の都合上空白をつめて表示しています。）

LESSON
24

層が増えたね〜！

では学習していこう。「リスト5-6：（リストB'）」をコピーだ（リスト5-19）。

【入力プログラム】リスト5-19：（リストB'）

```
model.compile(optimizer="adam",
              loss="sparse_categorical_crossentropy",
              metrics=["accuracy"])
```

```
history = model.fit(x_train, y_train, epochs=20, #20
                    validation_data=(x_test, y_test))
test_loss, test_acc =model.evaluate(x_test, y_test)
print(f"テストデータの正解率は{test_acc:.2%}です。")
```

出力結果

```
    Epoch 1/20
    1563/1563 [==============================] - 22s 6ms/step ↵
- loss: 1.6794 - accuracy: 0.3776 - val_loss: 1.3689 - val_ ↵
accuracy: 0.5058
    (略)
    Epoch 19/20
    1563/1563 [==============================] - 7s 4ms/step - ↵
loss: 0.8185 - accuracy: 0.7117 - val_loss: 0.8646 - val_ ↵
accuracy: 0.7014
    Epoch 20/20
    1563/1563 [==============================] - 7s 4ms/step - ↵
loss: 0.8062 - accuracy: 0.7145 - val_loss: 0.8415 - val_ ↵
accuracy: 0.7143
    313/313 [==============================] - 1s 3ms/step - ↵
loss: 0.8415 - accuracy: 0.7143
    テストデータの正解率は71.43%です。
```

お〜。正解率71.43%に上がったよ。

さっきよりうまく学習できてるね。グラフでも見てみよう。「リスト
5-7：(リストC)」をコピーしよう(リスト5-20)。

【入力プログラム】リスト5-20：(リストC)

```
param = [["正解率", "accuracy", "val_accuracy"],
         ["誤差", "loss", "val_loss"]]
plt.figure(figsize=(10,4))
for i in range(2):
    plt.subplot(1, 2, i+1)
    plt.title(param[i][0])
    plt.plot(history.history[param[i][1]], "o-")
    plt.plot(history.history[param[i][2]], "o-")
```

```
    plt.xlabel("学習回数")
    plt.legend(["訓練","テスト"], loc="best")
    if i==0:
        plt.ylim([0,1])
plt.show()
```

出力結果

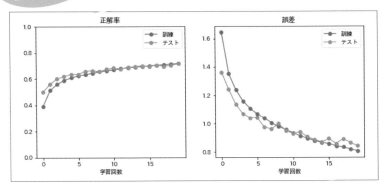

 正解率が上がって、誤差も下がるようになったね。まあ完全じゃない
けど、改良はできたね。

 # データを渡して予測

LESSON
24

 データの予測も「リスト5-8」をコピーして見てみよう（リスト
5-21）。

【入力プログラム】リスト 5-21

```
pre = model.predict(x_test)

plt.figure(figsize=(12,10))
for i in range(20):
    plt.subplot(4,5,i+1)
    plt.xticks([])
    plt.yticks([])
```

```
    plt.imshow(x_test[i])

    index = np.argmax(pre[i])
    pct = pre[i][index]
    ans = ""
    if index != y_test[i]:
        ans = "x--o["+class_names[y_test[i][0]]+"]"
    lbl = f"{class_names[index]} ({pct:.0%}){ans}"
    plt.xlabel(lbl)
plt.show()
```

出力結果

```
313/313 [==============================] - 1s 4ms/step
```

精度が
上がってる！

さっきより間違いが少なくなったね！

画像の特徴を捉えて学習できたみたいだね。

中間層を視覚化

 でも、これってどんな特徴を捉えてるのかな。実験でやったみたいに、画像で見てみたいな。

 じゃあ、途中の層でどんな画像になっているか見てみよう。そのために、まず途中の層の名前を確認しよう。さらに、各層の様子はあとで使うのでoutputs変数に記録しておく。リスト5-22のプログラムを実行しよう。

【入力プログラム】リスト5-22

```
hidden_layers = []
for i, val in enumerate(model.layers):
    print(f"{i} : {val.name}")
    hidden_layers.append(val.output)

hidden_model = keras.models.Model(inputs=model.inputs, ↵
outputs=hidden_layers)
outputs = hidden_model.predict(x_test)
```

出力結果

```
0 : conv2d_2
1 : max_pooling2d_2
2 : dropout_3
3 : conv2d_3
4 : max_pooling2d_3
5 : dropout_4
6 : flatten_1
7 : dense_3
8 : dropout_5
9 : dense_4
10 : dense_5
313/313 [==============================] - 1s 2ms/step
```

LESSON
24

0番が「conv2d」なので最初の畳み込み層で、1番が「max_pooling2d」なので最初のプーリング層だ。これらの層でどんな画像になっているかを見てみようと思うんだけど、調べる画像はどれがいい？

飛行機を調べてみたい！

じゃあ、10番の飛行機を見てみよう（リスト5-23）。

【入力プログラム】リスト5-23

```
i = 10
plt.imshow(x_test[i])
plt.xlabel(class_names[y_test[i][0]])
plt.show()
```

出力結果

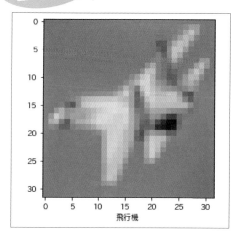

飛行機

飛行機だ！

この飛行機が、0番の畳み込み層で、どんな画像になっているかを見てみよう（リスト5-24）。

【入力プログラム】リスト5-24

```
def disp_hidden_data(data, w):
    plt.figure(figsize=(12,8))
```

```
    num = data.shape[2]
    for i in range(num):
        plt.subplot(int(num/w) + 1, w, i+1)
        plt.xticks([])
        plt.yticks([])
        plt.imshow(data[:,:,i], cmap="Blues")
# 0 : conv2d
disp_hidden_data(outputs[0][i], 8)
```

出力結果

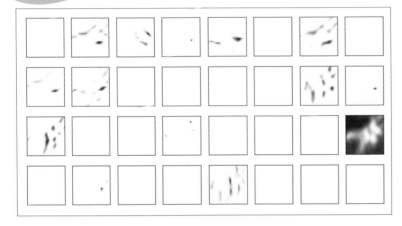

面白〜い。たくさん出てきた。

この層では「layers.Conv2D(32, (5, 5)…)」と指定していたから、32枚の違うフィルタを使ったので、32枚の画像が出てきたんだ。

飛行機の輪郭の一部分を特徴と見ていたり、全体の形をぼんやり見ていたりするのもあるね。

次は、1番のプーリング層で、どんな画像になっているかを見てみよう（リスト5-25）。

LESSON
24

【入力プログラム】リスト5-25

```
# 1 : max_pooling2d
disp_hidden_data(outputs[1][i], 8)
```

出力結果

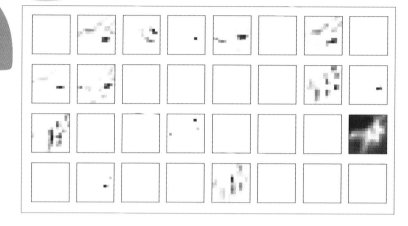

 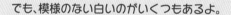   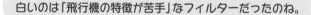

特徴を残してうまく圧縮できているね。

この特徴を使って学習していくので、画像をうまく学習できるんだね。

でも、模様のない白いのがいくつもあるよ。

必ずしもすべてのフィルタがうまく特徴を捉えられるわけではないんだ。白いのは飛行機の特徴をうまく捉えられなかったんだね。でも今回はだめでも、自動車や猫など別の画像だったら特徴を捉えられるかもしれないよ。

白いのは「飛行機の特徴が苦手」なフィルターだったのね。

でも学習はランダムに行われるから、得意不得意は毎回変わるよ。CNNは「たくさんのいろいろなフィルタを使って特徴を見つける」というしくみなんだね。

第6章
もっといろいろ分類してみよう

うーん。これは…。

どうしたんだい？

なにかを学習させたいんだけど、たくさんのデータを集めるのは、タイヘン！

そんなときに便利な「水増しする方法」があるよ。

なにそれ？

画像を少し傾けたり、左右反転させて「少し違う画像」をいっぱい作るんだ。

なんと、まさに水増しだ！

でも、この少し違う画像を学習することで精度が上がるから面白いよ。

よーし。やってみよー！

この章でやること

犬と猫のデータを学習させる

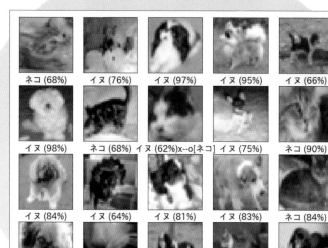

ネコ (68%)　イヌ (76%)　イヌ (97%)　イヌ (95%)　イヌ (66%)

イヌ (98%)　ネコ (68%)　イヌ (62%)x--o[ネコ]　イヌ (75%)　ネコ (90%)

イヌ (84%)　イヌ (64%)　イヌ (81%)　イヌ (83%)　ネコ (84%)

イヌ (91%)　ネコ (86%)　イヌ (96%)　ネコ (72%)　イヌ (79%)

> データを
> 水増ししてみよう

学習済みモデルを動かす

> 画像を水増し？
> どんな方法で
> するのかな？

lionfish (99.9%)
puffer (0.1%)
coral_reef (0.0%)
spiny_lobster (0.0%)
sea_anemone (0.0%)

king_penguin (100.0%)
toucan (0.0%)
prairie_chicken (0.0%)
magpie (0.0%)
albatross (0.0%)

loggerhead (85.3%)
leatherback_turtle (14.7%)
terrapin (0.0%)
great_white_shark (0.0%)
dugong (0.0%)

daisy (99.8%)
bee (0.0%)
ant (0.0%)
pot (0.0%)
admiral (0.0%)

pizza (98.9%)
potpie (0.3%)
trifle (0.2%)
plate (0.1%)
spatula (0.1%)

espresso (66.8%)
cup (19.1%)
soup_bowl (4.1%)
coffee_mug (2.8%)
consomme (2.2%)

fountain_pen (97.2%)
ballpoint (2.6%)
rubber_eraser (0.1%)
screwdriver (0.0%)
lipstick (0.0%)

computer_keyboard (74.7%)
space_bar (19.1%)
mouse (2.1%)
typewriter_keyboard (1.6%)
notebook (1.0%)

Intro
duction

195

CNNで犬と猫の画像を学習する

学習には大量のデータが必要ですが、データがたくさん集まらないときもあります。データをうまく増やす方法を試してみましょう。

ハカセ。わたしもなにか学習させたいと思ったんだけど、データを集めるって大変だよね。6万枚なんて集められないよ。

学習データをたくさん用意するのは大変だよね。でも、ある程度集まれば水増しする方法もあるよ。

どうやるの？

じゃあ、さっきのCIFAR-10を使って実験してみようか。CIFAR-10のデータから、犬と猫だけを取り出して、画像データを減らしてみよう。

わざと少ないデータにしてみるのね。

これで「犬と猫の画像の学習」をしてみるよ。

　まず、Googleドライブで、Google Colabのノートブックを作り、❶ファイル名を「DLtest6-01.ipynb」に変更しましょう。

データの準備と確認

第5章のリストを利用していくよ。まずは「リスト5-1：(リストA)」をコピーして、ライブラリをインポート（リスト6-1）。

【入力プログラム】リスト6-1：(リストA)

```
!pip install japanize-matplotlib
import japanize_matplotlib
import matplotlib.pyplot as plt
import numpy as np
import keras
from keras import layers
```

CIFAR-10データも「リスト5-2」をコピーして読み込もう（リスト6-2）。

【入力プログラム】リスト6-2

```
from keras.datasets import cifar10
(x_train, y_train),(x_test, y_test) = cifar10.load_data()
x_train, x_test = x_train / 255.0, x_test / 255.0

print(f"学習データ（問題画像）　：{x_train.shape}")
print(f"テストデータ（問題画像）：{x_test.shape}")
```

出力結果

```
Downloading data from https://www.cs.toronto.edu/~kriz/cifar-⏎
10-python.tar.gz
170498071/170498071 [==============================] - 3s 0us/⏎
step
学習データ（問題画像）　：(50000, 32, 32, 3)
テストデータ（問題画像）：(10000, 32, 32, 3)
```

LESSON
25

そして、この読み込んだデータから、猫データと犬データを抜き出すんだ。猫の番号は「3」、犬の番号は「5」なので、2つの番号に当てはまったデータだけを抜き出せば、猫データ、犬データができる（リスト6-3）。

【入力プログラム】リスト 6-3

```
y_train, y_test = y_train.flatten(), y_test.flatten()

cat_train = x_train[np.where(y_train==3)]
dog_train = x_train[np.where(y_train==5)]
cat_test = x_test[np.where(y_test==3)]
dog_test = x_test[np.where(y_test==5)]

print("ネコ学習データ　：", len(cat_train))
print("イヌ学習データ　：", len(dog_train))
print("ネコテストデータ：", len(cat_test))
print("イヌテストデータ：", len(dog_test))
```

y_trainとy_testは2次元データなので扱いやすいように「flatten()」命令で1次元データに変換しておきます。学習データ全体から、分類が3のデータを抜き出すには「x_train[np.where(y_train==3)]」、分類が5のデータを抜き出すには「x_train[np.where(y_train==5)]」と命令します。同じようにしてテストデータも抜き出します。

出力結果

```
ネコ学習データ　： 5000
イヌ学習データ　： 5000
ネコテストデータ： 1000
イヌテストデータ： 1000
```

学習データがそれぞれ5000枚、テストデータがそれぞれ1000枚なので少なくなったね。

ほんとに猫だけ、犬だけのデータになっているか確認しよう（リスト6-4、リスト6-5）。

【入力プログラム】リスト 6-4

```
def disp_testdata(xdata, namedata):
    plt.figure(figsize=(12,10))
    for i in range(20):
        plt.subplot(4,5,i+1)
        plt.xticks([])
        plt.yticks([])
        plt.imshow(xdata[i])
        plt.xlabel(namedata)
    plt.show()

disp_testdata(cat_train, "ネコ")
```

出力結果

ねこちゃん！

【入力プログラム】リスト 6-5

```
disp_testdata(dog_train, "イヌ")
```

LESSON
25

出力結果

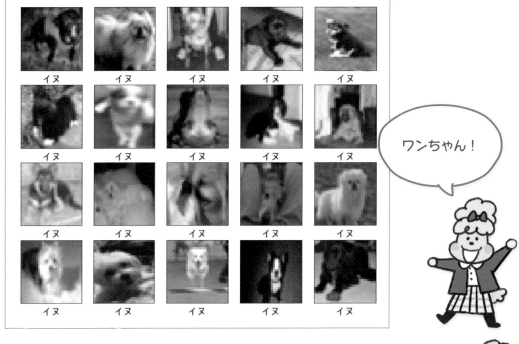

イヌ　イヌ　イヌ　イヌ　イヌ

イヌ　イヌ　イヌ　イヌ　イヌ

イヌ　イヌ　イヌ　イヌ　イヌ

イヌ　イヌ　イヌ　イヌ　イヌ

ワンちゃん！

猫ばっかりと、犬ばっかりだね。

では、この2つのデータを混ぜ合わせ、学習データとテストデータを作ろう（リスト6-6）。猫に「0」犬に「1」という番号をつけて、シャッフルして、表示して確認するよ。

【入力プログラム】リスト6-6

```
class_names = ["ネコ", "イヌ"]

x_train = np.concatenate((cat_train, dog_train))
x_test = np.concatenate((cat_test, dog_test))

y_train = np.concatenate((np.full(5000, 0), np.full(5000, 1)))
y_test = np.concatenate((np.full(1000, 0), np.full(1000, 1)))

np.random.seed(1)
```

```
np.random.shuffle(x_test)
np.random.seed(1)
np.random.shuffle(y_test)

plt.figure(figsize=(12,10))
for i in range(20):
    plt.subplot(4,5,i+1)
    plt.xticks([])
    plt.yticks([])
    plt.imshow(x_test[i])
    plt.xlabel(class_names[y_test[i]])
plt.show()
```

「x_train = np.concatenate((cat_train, dog_train))」と命令すれば、猫データに、犬データを追加して、学習データの問題（x_train）を作ることができます。同じようにテストデータの問題（x_test）も作ります。

次に、その画像の分類番号を表す学習データの答え（y_train）を作ります。「y_train = np.concatenate((np.full(5000, 0), np.full(5000, 1)))」と命令すれば、5000個の0に、5000個の1を追加できます。同じようにテストデータの答え（y_test）も作ります。

「np.random.seed(1)」でランダムの開始位置を設定してから、「np.random.shuffle(x_test)」でシャッフルしたあと、再び同じランダムの開始位置を設定してから、「np.random.shuffle(y_test)」でシャッフルすると、まったく同じ並びのシャッフルを作ることができます。

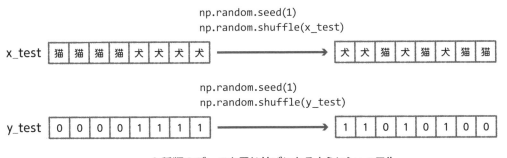

2種類のデータを同じ並びになるようにシャッフル

出力結果

ネコ　イヌ　イヌ　イヌ　イヌ

イヌ　ネコ　ネコ　イヌ　ネコ

イヌ　イヌ　イヌ　イヌ　ネコ

イヌ　ネコ　イヌ　ネコ　イヌ

猫と犬が混ざったね。

 モデルを作って学習

 モデルを作るけれど、これも「リスト5-18」のコピーだ（リスト6-7）。
さらに、犬と猫の2種類になったから、最後から2行目の「layers.
Dence」の値を「10」から「2」に変更しよう。

【入力プログラム】リスト6-7

```
model = keras.models.Sequential()
model.add(layers.Conv2D(32, (5, 5), activation="relu", input_
shape=(32, 32, 3)))
model.add(layers.MaxPooling2D((2, 2)))
model.add(layers.Dropout(0.2))
model.add(layers.Conv2D(64, (5, 5), activation="relu"))
```

```
model.add(layers.MaxPooling2D((2, 2)))
model.add(layers.Dropout(0.2))
model.add(layers.Flatten())
model.add(layers.Dense(64, activation='relu'))
model.add(layers.Dropout(0.2))
model.add(layers.Dense(32, activation="relu"))
model.add(layers.Dense(2, activation="softmax")) #2
model.summary(line_length=120)
```

出力結果

```
Model: "sequential"

 Layer (type)                    OutputShape             Param #
================================================================
 conv2d (Conv2D)                 (None, 28, 28, 32)      2432
 max_pooling2d (MaxPooling2D)    (None, 14, 14, 32)      0
 dropout (Dropout)               (None, 14, 14, 32)      0
 conv2d_1 (Conv2D)               (None, 10, 10, 64)      51264
 max_pooling2d_1 (MaxPooling2D)  (None, 5, 5, 64)        0
 dropout_1 (Dropout)             (None, 5, 5, 64)        0
 flatten (Flatten)               (None, 1600)            0
 dense (Dense)                   (None, 64)              102464
 dropout_2 (Dropout)             (None, 64)              0
 dense_1 (Dense)                 (None, 32)              2080
 dense_2 (Dense)                 (None, 2)               66
================================================================
Total params: 158,306
Trainable params: 158,306
Non-trainable params: 0
```

（誌面の都合上空白をつめて表示しています。）

そして学習の実行だけど、画像が少なくて学習しにくいかもしれない
ので、「リスト5-6：（リストB'）」をコピーして、学習回数を30回に
少し増やそう（リスト6-8）。

【入力プログラム】リスト6-8：（リストB'）

```
model.compile(optimizer="adam",
              loss="sparse_categorical_crossentropy",
              metrics=["accuracy"])
history = model.fit(x_train, y_train, epochs=30, #30
                    validation_data=(x_test, y_test))
test_loss, test_acc =model.evaluate(x_test, y_test)
print(f"テストデータの正解率は{test_acc:.2%}です。")
```

出力結果

```
Epoch 1/30
313/313 [==============================] - 30s 80ms/step - ↵
loss: 0.6777 - accuracy: 0.5708 - val_loss: 0.6603 - val_ ↵
accuracy: 0.6020
（略）
Epoch 29/30
313/313 [==============================] - 3s 9ms/step - loss: ↵
0.2262 - accuracy: 0.9055 -val_loss: 0.6576 - val_accuracy: ↵
0.7550
Epoch 30/30
313/313 [==============================] - 2s 6ms/step - loss: ↵
0.2231 - accuracy: 0.9066 -val_loss: 0.6813 - val_accuracy: ↵
0.7365
63/63 [==============================] - 0s 4ms/step - loss: ↵
0.6813 - accuracy: 0.7365
テストデータの正解率は73.65%です。
```

正解率73.65%かあ。ちょっとよくないのかな？

グラフで確認しよう。「リスト5-7：（リストC）」をコピーするよ（リスト6-9）。

【入力プログラム】リスト6-9：（リストC）

```python
param = [["正解率", "accuracy", "val_accuracy"],
         ["誤差", "loss", "val_loss"]]
plt.figure(figsize=(10,4))
for i in range(2):
    plt.subplot(1, 2, i+1)
    plt.title(param[i][0])
    plt.plot(history.history[param[i][1]], "o-")
    plt.plot(history.history[param[i][2]], "o-")
    plt.xlabel("学習回数")
    plt.legend(["訓練","テスト"], loc="best")
    if i==0:
        plt.ylim([0,1])
plt.show()
```

出力結果

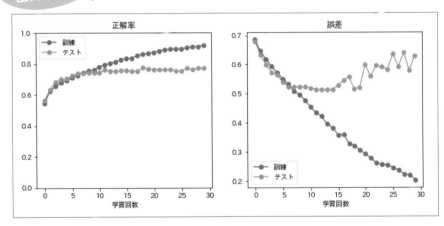

あれ？　正解率が途中から上がらなくなってるし、誤差も下がらないでガクガクしてるね。

どうやら過学習だね。これはきっと学習データを減らしたからだろう。学習データを増やしてみよう。

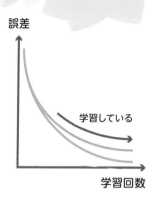

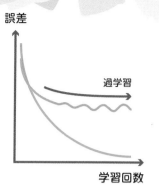

誤差

学習している

学習回数

誤差

過学習

学習回数

 ## 学習データを水増し

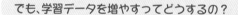

でも、学習データを増やすってどうするの？

今ある画像から、少し違う画像を作り出して水増しするんだ。ランダムに少し回転させたり、少し移動させたり、左右反転させたりして、多少変化させても犬や猫っていうことに変わりはないからね。

そんな増やし方でもいいの？

多少でも変化した画像を学習することで、多様なデータを学習することになるので、多少過学習が防げるんだ。

水増しでもいいのか〜。

もちろん、あまり水増しばかりすると、予測能力が低下することがあるからバランスは大事だね。この水増しだけど、Kerasには「ImageDataGenerator」という水増しをする機能が用意されている。使い方は多少ややこしいんだけど、リスト6-10のように入力してみよう。

【入力プログラム】リスト6-10

```python
from keras.preprocessing.image import ImageDataGenerator

datagen = ImageDataGenerator(
    rotation_range = 30,
```

```
    width_shift_range = 0.1,
    height_shift_range = 0.1,
    zoom_range = 0.1,
    horizontal_flip=True,
)
g = datagen.flow(x_test, y_test,  shuffle=False)
g_imgs1 = []
x_g, y_g = g.next()
g_imgs1.extend(x_g)

g = datagen.flow(x_test, y_test,  shuffle=False)
g_imgs2 = []
x_g, y_g = g.next()
g_imgs2.extend(x_g)

plt.figure(figsize=(12, 6))
for i in range(6):
    plt.subplot(3, 6, i+1)
    plt.imshow(x_test[i], cmap="Greys")
    plt.title(class_names[y_g[i]])

for i in range(6):
    plt.subplot(3, 6, i+7)
    plt.imshow(g_imgs1[i])

for i in range(6):
    plt.subplot(3, 6, i+13)
    plt.imshow(g_imgs2[i])
plt.show()
```

LESSON
25

　ImageDataGeneratorでは、rotation_rangeで回転の幅、width_shift_rangeやheight_shift_rangeで移動の幅、zoom_rangeで拡大縮小の幅、horizontal_flipで左右反転の有無を、ランダムに変化させることができます。

出力結果

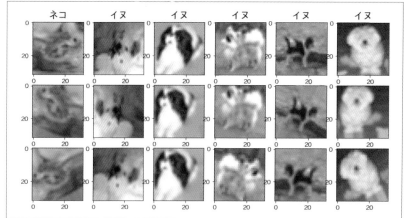

 一番上の行がオリジナル画像で、下の2行が水増し画像だ。左右反転したり、少し角度が変わったり、少し移動したりしているよ。

見た目ほぼ一緒でもコンピュータにしたら違うデータになるのかー。

 ではこの水増し画像を使おう。そしてさっきのモデルに学習の追加をしよう。さっきのに、少し変化した画像をさらに学習させたいわけだから、学習の追加をすればいいんだ。

 どうするの？

 さっきのモデルにさらに「fit()」すればいいんだ。このとき「datagen.flow(x_train, y_train)」を渡すことで、水増し画像で学習させることができるんだよ（リスト6-11）。

【入力プログラム】リスト6-11

```
history = model.fit(datagen.flow(x_train, y_train), epochs=30,
                    validation_data=(x_test, y_test))
test_loss, test_acc = model.evaluate(x_test, y_test)
print(f"テストデータの正解率は{test_acc:.2%}です。")
```

出力結果

```
Epoch 1/30
313/313 [==============================] - 30s 90ms/step - ↵
loss: 0.5896 - accuracy: 0.6984 - val_loss: 0.5015 - val_ ↵
accuracy: 0.7565
 (略)
Epoch 29/30
313/313 [==============================] - 10s 31ms/step - ↵
loss: 0.4874 - accuracy: 0.7614 -val_loss: 0.4522 - val_ ↵
accuracy: 0.7835
Epoch 30/30
313/313 [==============================] - 7s 22ms/step - ↵
loss: 0.4931 - accuracy: 0.7529 -val_loss: 0.4351 - val_ ↵
accuracy: 0.7905
63/63 [==============================] - 0s 3ms/step - loss: ↵
0.4351 - accuracy: 0.7905
テストデータの正解率は79.05%です。
```

お。正解率79.05%に上がったよ。

グラフで確認しよう。さっきの「リスト6-9：(リストC)」をコピーだ(リスト6-12)。

【入力プログラム】リスト6-12：(リストC)

```python
param = [["正解率", "accuracy", "val_accuracy"],
         ["誤差", "loss", "val_loss"]]
plt.figure(figsize=(10,4))
for i in range(2):
    plt.subplot(1, 2, i+1)
    plt.title(param[i][0])
    plt.plot(history.history[param[i][1]], "o-")
    plt.plot(history.history[param[i][2]], "o-")
    plt.xlabel("学習回数")
    plt.legend(["訓練","テスト"], loc="best")
    if i==0:
        plt.ylim([0,1])
plt.show()
```

LESSON
25

出力結果

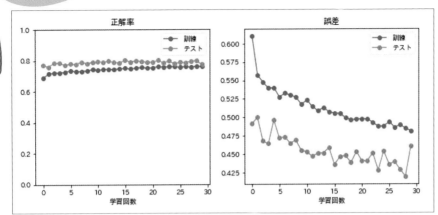

「正解率」がいきなり上がってるよ。

これはさっきの学習に追加した部分のグラフだからね。でも、これを見ると「正解率」が上がってるね。「誤差」のほうも下がるようになった。

 データを渡して予測

じゃあ、テストデータ（問題）を渡して答えを予測させてみよう（リスト6-13）。

【入力プログラム】リスト 6-13

```
pre = model.predict(x_test)

plt.figure(figsize=(12,10))
for i in range(20):
    plt.subplot(4,5,i+1)
    plt.xticks([])
    plt.yticks([])
    plt.imshow(x_test[i])
```

```
        index = np.argmax(pre[i])
        pct = pre[i][index]
        ans = ""
        if index != y_test[i]:
            ans = "x--o["+class_names[y_test[i]]+"]"
        lbl = f"{class_names[index]} ({pct:.0%}){ans}"
        plt.xlabel(lbl)
    plt.show()
```

出力結果

```
63/63 [==============================] - 0s 3ms/step
```

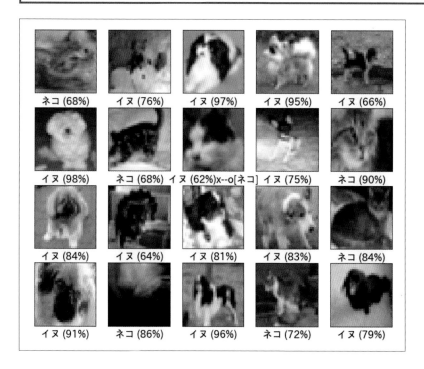

ネコ (68%)　イヌ (76%)　イヌ (97%)　イヌ (95%)　イヌ (66%)

イヌ (98%)　ネコ (68%)　イヌ (62%)x--o[ネコ]　イヌ (75%)　ネコ (90%)

イヌ (84%)　イヌ (64%)　イヌ (81%)　イヌ (83%)　ネコ (84%)

イヌ (91%)　ネコ (86%)　イヌ (96%)　ネコ (72%)　イヌ (79%)

あっ。ほぼ正解してる。「ネコ」を「イヌ」と間違えたのが1個あるぐらいだね。

学習済みモデルを動かそう

世の中には、すでに複雑な学習ができている「学習済みモデル」がたくさんあります。その「学習済みモデル」を試してみましょう。

これまでやったのって、10個を分類する感じだったけどもっと多くの分類はできないの？

もちろんできるよ。ただし、層を増やしたり学習にかなり時間をかけたりと、手間はかかるけどね。でも、そうやって学習された学習済みモデルの例ならすぐに試せるよ。

すぐ試せるの？

例えば、「VGG16」という学習済みモデルなら、Kerasですぐに読み込んで試すことができる。画像を1000種類に分類できるモデルなんだ。

1000種類も！　見てみた～い。

　まず、Googleドライブで、Google Colabのノートブックを作り、❶ファイル名を「DLtest6-02.ipynb」に変更しましょう。

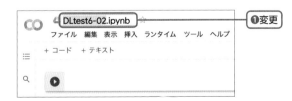

VGG16の学習済みモデルを作る

VGG16は、Kerasライブラリの中に入っているからimportで読み込むだけで、すぐに使えるんだ。これでモデルのできあがりだよ（リスト6-14）。

【入力プログラム】リスト6-14
```
from keras.applications.vgg16 import VGG16
model = VGG16()
```

そっか。学習完了のところまで一気に飛ばせるのね。

VGG16という名前は、オックスフォード大学のVGG（Visual Geometry Group）というチームが開発した、16層の畳み込み層を持つモデルだからだ。見てみようか（リスト6-15）。

【入力プログラム】リスト6-15

```
model.summary(line_length=120)
```

LESSON
26

出力結果

```
Model: "vgg16"
_____
 Layer (type)                  Output Shape              Param #
=================================================================
 input_1 (InputLayer)          [(None, 224, 224, 3)]     0
 block1_conv1 (Conv2D)         (None, 224, 224, 64)      1792
 block1_conv2 (Conv2D)         (None, 224, 224, 64)      36928
 block1_pool (MaxPooling2D)    (None, 112, 112, 64)      0
 block2_conv1 (Conv2D)         (None, 112, 112, 128)     73856
 block2_conv2 (Conv2D)         (None, 112, 112, 128)     147584
 block2_pool (MaxPooling2D)    (None, 56, 56, 128)       0
 block3_conv1 (Conv2D)         (None, 56, 56, 256)       295168
 block3_conv2 (Conv2D)         (None, 56, 56, 256)       590080
 block3_conv3 (Conv2D)         (None, 56, 56, 256)       590080
 block3_pool (MaxPooling2D)    (None, 28, 28, 256)       0
 block4_conv1 (Conv2D)         (None, 28, 28, 512)       1180160
 block4_conv2 (Conv2D)         (None, 28, 28, 512)       2359808
 block4_conv3 (Conv2D)         (None, 28, 28, 512)       2359808
 block4_pool (MaxPooling2D)    (None, 14, 14, 512)       0
 block5_conv1 (Conv2D)         (None, 14, 14, 512)       2359808
 block5_conv2 (Conv2D)         (None, 14, 14, 512)       2359808
 block5_conv3 (Conv2D)         (None, 14, 14, 512)       2359808
 block5_pool (MaxPooling2D)    (None, 7, 7, 512)         0
 flatten (Flatten)             (None, 25088)             0
 fc1 (Dense)                   (None, 4096)              102764544
 fc2 (Dense)                   (None, 4096)              16781312
 predictions (Dense)           (None, 1000)              4097000
=================================================================
Total params: 138,357,544
Trainable params: 138,357,544
Non-trainable params: 0
_____
```

（誌面の都合上空白をつめて表示しています。）

すご〜い。でも16層以上ありそうだよ。

プーリング層や全結合層などが加わるからね。パラメータはなんと、1億3千万もあるよ。大きなディープラーニングだ。学習に時間がかかりそうだね。

1億3千万！

ちなみに、ChatGPTで使われているパラメータ数はもっと多いよ。GPT-3は1750億個もあるし、GPT-4では数千億個〜1兆個ともいわれているよ。

ひぇ〜。だから、あんなにかしこいのね。

データを読み込んで、渡して予測

それでは、VGG16にデータを渡してそれが何の画像か予測してもらおう。そのために、予測させる画像を用意する必要があるよ。10ページのダウンロードサイトからサンプルファイルをダウンロードして、9枚の画像データを用意しよう。

img1.jpg

img2.jpg

img3.jpg

img4.jpg

img5.jpg

img6.jpg

img7.jpg

img8.jpg

test.jpg

LESSON
26

これらの画像をGoogle Colabにアップロードしたいので、まず❶ノートブック左にあるフォルダアイコンをクリックしよう。そして、開いたエリアに、❷9枚の画像をドラッグ＆ドロップしてアップロードするんだ。

これってサンプルファイルじゃないとだめなの？

215

自分で用意した画像でもいいよ。プログラムの中で224×224ドットの画像に変換させるので、正方形の画像であれば大きさも自由だよ。

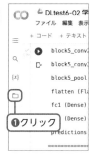

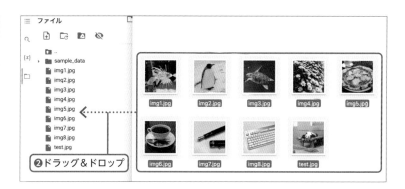

❶クリック

❷ドラッグ＆ドロップ

なんか「警告」が出たよ！　「ランタイムの終了時に削除されます」ってどういうこと？

これは、実行を終了してから90分を過ぎたら、アップロードしたファイルが自動で消えるよという意味だ（90分ルール）。だから、普通に使えば安心して使えるよ。

警告

ファイルが他の場所に保存されていることをご確認ください。このランタイムのファイルは、ランタイムの終了時に削除されます。

詳細

OK

画像が用意できたら、VGG16にこれが何の画像か予測させよう。まずは、1枚の画像を予測してみよう（リスト6-16）。予測するのは「test.jpg」だ。

【入力プログラム】リスト6-16

```
!pip install keras_preprocessing
from keras.applications.vgg16 import decode_predictions, ↵
preprocess_input
from keras_preprocessing.image import load_img, img_to_array
import matplotlib.pyplot as plt
```

```python
import numpy as np

testimg = load_img("test.jpg", target_size=(224,224))
plt.imshow(testimg)
plt.show()

data = img_to_array(testimg)
data = np.expand_dims(data, axis=0)
data = preprocess_input(data)
predicts = model.predict(data)
results = decode_predictions(predicts, top=5)[0]
for r in results:
    name = r[1]
    pct = r[2]
    print(f"これは、「{name}」です。({pct:.1%})")
```

出力結果

```
Looking in indexes: https://pypi.org/simple, https://us-
python.pkg.dev/colab-wheels/public/simple/
Collecting keras_preprocessing
  Downloading Keras_Preprocessing-1.1.2-py2.py3-none-any.whl
(42 kB)

━━━━━━━ 42.6/42.6 kB 2.0 MB/s eta 0:00:00
Requirement already satisfied: numpy>=1.9.1 in /usr/local/lib/
python3.10/dist-packages (from keras_preprocessing) (1.22.4)
Requirement already satisfied: six>=1.9.0 in /usr/local/lib/
python3.10/dist-packages (from keras_preprocessing) (1.16.0)
Installing collected packages: keras_preprocessing
Successfully installed keras_preprocessing-1.1.2
```

パンダだ！

LESSON
26

217

```
1/1 [==============================] - 1s 1s/step
Downloading data from https://storage.googleapis.com/download. ↵
tensorflow.org/data/imagenet_class_index.json
35363/35363 [==============================] - 0s 0us/step
これは、「giant_panda」です。(94.6%)
これは、「sloth_bear」です。(0.7%)
これは、「skunk」です。(0.3%)
これは、「American_black_bear」です。(0.3%)
これは、「colobus」です。(0.3%)
```

パンダが寝ころんでる。かわいいね～。

94.6%でジャイアントパンダ(giant_panda)という予測が出た。正解だね。その他のナマケグマ(sloth_bear)や、スカンク(skunk)などの可能性は1%以下だ。

パンダはスカンクじゃないよ～。

じゃあ次は、一気に8枚の画像を予測しよう(リスト6-17)。

【入力プログラム】リスト6-17

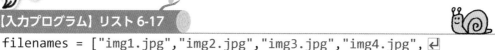

```
filenames = ["img1.jpg","img2.jpg","img3.jpg","img4.jpg", ↵
"img5.jpg","img6.jpg","img7.jpg","img8.jpg"]


img = []
plt.figure(figsize=(16,10))
for i, filename in enumerate(filenames):
    img.append(load_img(filename, target_size=(224, 224))) # 224x224
    data = img_to_array(img[i])
    data = np.expand_dims(data, axis=0)
    data = preprocess_input(data)
    predicts = model.predict(data)
    results = decode_predictions(predicts, top=5)[0]

    plt.subplot(2, 4, i+1)
    plt.xticks([])
    plt.yticks([])
```

```
        plt.imshow(img[i])

    for i, r in enumerate(results):
        name = r[1]
        pct = r[2]
        msg = f"{name} ({pct:.1%})"
        plt.text(20, 250+i*16, msg)
plt.show()
```

出力結果

```
1/1 [==============================] - 1s 608ms/step
（略）
1/1 [==============================] - 1s 804ms/step
```

lionfish (99.9%)   king_penguin (100.0%)   loggerhead (85.3%)   daisy (99.8%)
puffer (0.1%)   toucan (0.0%)   leatherback_turtle (14.7%) bee (0.0%)
coral_reef (0.0%)   prairie_chicken (0.0%) terrapin (0.0%)   ant (0.0%)
spiny_lobster (0.0%) magpie (0.0%)   great_white_shark (0.0%) pot (0.0%)
sea_anemone (0.0%)   albatross (0.0%)   dugong (0.0%)   admiral (0.0%)

pizza (98.9%)   espresso (66.8%)   fountain_pen (97.2%)   computer_keyboard (74.7%)
potpie (0.3%)   cup (19.1%)   ballpoint (2.6%)   space_bar (19.1%)
trifle (0.2%)   soup_bowl (4.1%)   rubber_eraser (0.1%)   mouse (2.1%)
plate (0.1%)   coffee_mug (2.8%) screwdriver (0.0%)   typewriter_keyboard (1.6%)
spatula (0.1%)   consomme (2.2%)   lipstick (0.0%)   notebook (1.0%)

え〜と。ミノカサゴ（lionfish）、オウサマペンギン（king_penguin）、アカウミガメ（loggerhead）、ひな菊（daisy）、ピザ（pizza）、エスプレッソ（espresso）、万年筆（fountaion_pen）、キーボード（computer_keyboard）。全問正解で〜す。1000種類もわかるってすごいね。

さらにこのVGG16に追加学習させることもできるんだ。学習済みモデルに追加学習をさせることで、学習の微調整を行ったり、新しいデータの予測を追加できたりするんだよ。

LESSON
26

さらに先へ進もう

ディープラーニングのしくみについて、いろいろわかるようになりましたね。これから先は、なにをすればいいのでしょうか？

ハカセ！　ディープラーニングって、面白かったね〜。でももう、これ以上することってないんじゃない？

いやいや、まなぶことはまだまだいっぱいあるよ。

まだあるの？

CNNは視覚的な学習が得意だったけど、もうひとつ有名なものに自然言語処理や音声認識などが得意な「RNN（再帰型ニューラルネットワーク）」があるよ。

自然言語処理？

連続する情報の次を予測するのが得意なので、機械翻訳や文章要約、テキスト生成、音声認識などに適しているんだ。ニューロンの出力をその入力へ戻す再帰的な処理を行っていたりして面白いんだ。

へ〜。

他にも、現実の状況と相互作用しながら学習していく「強化学習」などもある。ゲームAIや、ロボット制御、広告の最適化、金融取引などでも使われているんだ。

テレビゲームをする人工知能を見たことあるけどそれのことね。

最近は「生成系AI（ジェネレーティブAI）」が増えているね。ChatGPT もそうだよ。

「ChatGPT」くんって、生成系AIだったのね。

ChatGPTは、大規模言語モデル（LLM）を使った生成系AIの一種なんだ。GPT（Generative Pre-trained Transformer）を使ってチャットのように会話できるから、ChatGPTというんだよ。

ふ〜ん。

ChatGPTは、文字列から文字列を生成する「文章生成（Text-to-Text）」のAIだ。生成系AIは他にも「画像生成（Text-to-Image）」や、「音声合成（Text-to-Speech）」などがある。

へ〜。

さらに画像から画像を出力する「画像生成（Image-to-Image）」や、「動画生成（Text-to-Video）」、「音楽生成（Text-to-Music）」などなど、どんどん登場しているよ。

組み合わせると便利なものができるね。

これからはAIを作るだけじゃなく、「AIをちゃんと理解して、どうやったらうまく役立てることができるかを考えること」が重要になってくるよ。アイデア次第でいろいろできる時代になってきているんだ。

ディープラーニングをやったらもう終わりかと思ったら、まだまだあるんだね。

やっと人工知能の入り口に立ったぐらいだから、まだまだ奥は深いよ。

LESSON
27

221

索引

● 著者プロフィール

森 巧尚（もり・よしなお）

『マイコンBASIC マガジン』（電波新聞社）の時代からゲームを作り続けて、現在はコンテンツ制作や執筆活動を行い、関西学院大学非常勤講師、関西学院高等部非常勤講師、成安造形大学非常勤講師、大阪芸術大学非常勤講師、プログラミングスクールコプリ講師などを行っている。
近著に、『Python2年生 デスクトップアプリ開発のしくみ』、『Python1年生 第2版』、『Python3年生 機械学習のしくみ』、『Python2年生 スクレイピングのしくみ』、『Python2年生 データ分析のしくみ』、『Java1年生』、『動かして学ぶ！Vue.js 開発入門』（いずれも翔泳社）、『ゲーム作りで楽しく学ぶ Python のきほん』、『アルゴリズムとプログラミングの図鑑 第2版』（いずれもマイナビ出版）などがある。

装丁・扉デザイン	大下 賢一郎
本文デザイン	株式会社リブロワークス
装丁・本文イラスト	あらいのりこ
漫画	ほりたみわ
編集・DTP	株式会社リブロワークス
校正協力	佐藤弘文

バ イ ソ ン
Python 3年生
ディープラーニングのしくみ
体験してわかる！ 会話でまなべる！

2023 年 8 月 3 日　初版第 1 刷発行

著　　　者	森 巧尚（もり・よしなお）	
発　行　人	佐々木 幹夫	
発　行　所	株式会社 翔泳社 （https://www.shoeisha.co.jp）	
印刷・製本	株式会社シナノ	

ISBN978-4-7981-7498-3
Printed in Japan